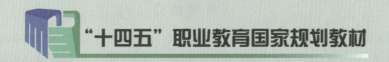

"十四五"职业教育国家规划教材

工业机器人操作与编程

主 编 汪洪青 曲晓绪 崔艳梅
副主编 孙洪雁 刘艳艳 刘 超 李云柱

北京理工大学出版社
BEIJING INSTITUTE OF TECHNOLOGY PRESS

内 容 简 介

本书是长春职业技术学校实施校企深度融合的产物,是机电技术应用专业进行省级示范专业建设的阶段性成果。全书内容的组织与安排采用任务导向的方式,将行业需求和学生认知紧密结合,将职业技能培养和理论知识获取融入教学全过程。本书以实际工作为依托,以ABB机器人为载体,设计了7个项目25项任务,具体内容涵盖了工业机器人识读、示教器基本操作、打磨工位的操作与编程、仓储工位的操作与编程、码垛工位的操作与编程、绘图工位的操作与编程及RobotStudio在线编程。本书清晰地展示了机器人操作与编程的步骤,为读者学习和使用ABB机器人提供帮助和指导。

版权专有 侵权必究

图书在版编目（CIP）数据

工业机器人操作与编程 / 汪洪青,曲晓绪,崔艳梅主编 . —北京：北京理工大学出版社，2023.8重印

ISBN 978-7-5682-7302-2

Ⅰ. ①工… Ⅱ. ①汪… ②曲… ③崔… Ⅲ. ①工业机器人－操作 ②工业机器人－程序设计 Ⅳ. ① TP242.2

中国版本图书馆 CIP 数据核字（2019）第 143346 号

出版发行 /	北京理工大学出版社有限责任公司
社　　址 /	北京市海淀区中关村南大街 5 号
邮　　编 /	100081
电　　话 /	（010）68914775（总编室）
	（010）82562903（教材售后服务热线）
	（010）68944723（其他图书服务热线）
网　　址 /	http://www.bitpress.com.cn
经　　销 /	全国各地新华书店
印　　刷 /	定州市新华印刷有限公司
开　　本 /	787 毫米 × 1092 毫米　1/16
印　　张 /	13.75
字　　数 /	382 千字
版　　次 /	2023 年 8 月第 1 版第 5 次印刷
定　　价 /	43.00 元

责任编辑 /	王玲玲
文案编辑 /	王玲玲
责任校对 /	周瑞红
责任印制 /	李志强

图书出现印装质量问题，请拨打售后服务热线，本社负责调换

党的二十大报告提出："推动制造业高端化、智能化、绿色化发展。"为了深入贯彻党的二十大精神，深刻领会、充分认识新征程教材工作肩负的使命与职责，充分体现教材鲜明的意识形态属性、价值传承功能，我们机电技术应用专业建设团队通过召开实践专家研讨会，提炼形成了反映工业机器人操作调整工岗位中主要工作内容的 25 个典型工作任务，并将其作为工业机器人专业课程教学的载体，很好地解决了课程教学与职业岗位工作相脱节的问题，加强了中等职业教育教材建设，保证了教学资源基本质量的要求。

本教材为学校和企业合作研发的双元教材，实现了学校主体与企业主导的产学研深度融合机制，强化了目标导向，发挥了科技型骨干企业引领支撑作用，推动了校企共建层面的创新链产业链人才链的深度融合。

"工业机器人操作与编程"典型工作任务中包含了工作过程的工作对象、工具、工作方法和劳动组织等生产性要素，融入了社会主义核心价值观，使课程内容与工作过程紧密结合，教学过程中实现了工学结合，推进了实践基础上的理论创新，弘扬了劳动精神、奉献精神、创造精神、勤俭节约精神，为把我国建设成为综合国力和国际影响力领先的社会主义现代化强国而努力奋斗。

本书在内容与形式上有以下特色：

1. 任务引领。以工作任务引领知识、技能和态度，让学生在完成工作任务的过程中学习相关知识，发展学生的综合职业能力。

2. 结果驱动。通过完成工作任务，激发学生的成就感，培养学生的岗位工作能力。

3. 内容实用。紧紧围绕完成工作任务的需要来选择课程内容，注重内容的针对性和实用性。

4. 学做一体。以工作任务为中心，实现理论与实践的一体化教学。

5. 教材与学材统一。既可以作为教材使用，也可以作为学材使用，教学实用性更强。

6. 学生为本。教材的体例设计与内容的表现形式，充分考虑到学生的认知发展规律，图文并茂，版式活泼，增强情景感、现实感，确保党的二十大精神落实到位，发挥铸魂育人实效。

本书包含7个项目25项任务，共安排120课时。本书除了基本内容外，还加入了考核评价标准，让教师的教和学生的学有的放矢，可操作性更强。

建议的课时安排如下：

内　　容			课时
项目一 工业机器人识读	任务1	识读机器人本体	4
	任务2	识读机器人控制器	4
	任务3	识读机器人示教器	4
项目二 示教器基本操作	任务1	使用示教器	6
	任务2	更新转数计数器	6
	任务3	配置I/O板卡及信号	6
项目三 打磨工位的操作与编程	任务1	识读打磨工位	2
	任务2	建立打磨工位坐标系	6
	任务3	编写打磨工位程序	6
	任务4	调试打磨工位	4
项目四 仓储工位的操作与编程	任务1	识读仓储工位	2
	任务2	建立仓储工位坐标系	6
	任务3	编写仓储工位程序	6
	任务4	调试仓储工位	4
项目五 码垛工位的操作与编程	任务1	识读码垛工位	2
	任务2	建立码垛工位坐标系	6
	任务3	编写码垛工位程序	6
	任务4	调试码垛工位	4
项目六 绘图工位的操作与编程	任务1	识读绘图工位	2
	任务2	建立绘图工位坐标系	6
	任务3	编写绘图工位程序	6
	任务4	调试绘图工位	4
项目七 RobotStudio在线编程	任务1	RobotStudio与机器人连接	6
	任务2	RobotStudio在线编程	6
	任务3	RobotStudio离线编程	6
合　计			120

由于编者水平所限，书中难免有疏漏和不足之处，敬请广大读者批评指正。

目录 Contents

项目一　工业机器人识读 …………………………………… 1

任务 1　识读机器人本体 ………………………………………… 2
任务 2　识读机器人控制器 ……………………………………… 10
任务 3　识读机器人示教器 ……………………………………… 16

项目二　示教器基本操作 …………………………………… 30

任务 1　使用示教器 ……………………………………………… 31
任务 2　更新转数计数器 ………………………………………… 38
任务 3　配置 I/O 板卡及信号 …………………………………… 43

项目三　打磨工位的操作与编程 …………………………… 52

任务 1　识读打磨工位 …………………………………………… 53
任务 2　建立打磨工位坐标系 …………………………………… 57
任务 3　编写打磨工位程序 ……………………………………… 67
任务 4　调试打磨工位 …………………………………………… 83

项目四　仓储工位的操作与编程 …………………………… 88

任务 1　识读仓储工位 …………………………………………… 89
任务 2　建立仓储工位坐标系 …………………………………… 93
任务 3　编写仓储工位程序 ……………………………………… 97
任务 4　调试仓储工位 …………………………………………… 111

项目五　码垛工位的操作与编程 ……………………………………………… 116

任务 1　识读码垛工位 …………………………………………………… 117
任务 2　建立码垛工位坐标系 …………………………………………… 121
任务 3　编写码垛工位程序 ……………………………………………… 125
任务 4　调试码垛工位 …………………………………………………… 139

项目六　绘图工位的操作与编程 ……………………………………………… 144

任务 1　识读绘图工位 …………………………………………………… 145
任务 2　建立绘图工位坐标系 …………………………………………… 149
任务 3　编写绘图工位程序 ……………………………………………… 156
任务 4　调试绘图工位 …………………………………………………… 166

项目七　RobotStudio 在线编程 ……………………………………………… 171

任务 1　RobotStudio 与机器人连接 …………………………………… 172
任务 2　RobotStudio 在线编程 ………………………………………… 178
任务 3　RobotStudio 离线编程 ………………………………………… 183

参考文献 ……………………………………………………………………… 191

附　录 ………………………………………………………………………… 192

附录 1　工业机器人通讯—ABB Profinet 通讯 ………………………… 192
附录 2　工业机器人通讯—ABB 机器人与欧姆龙视觉
　　　　　做 SOCKET TCP 通讯 ………………………………………… 200

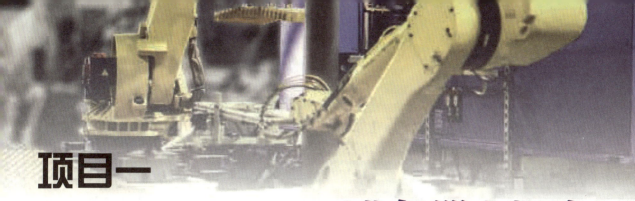

项目一

工业机器人识读

项目简介

工业机器人主要由机器人本体、机器人控制器、机器人示教器等部分组成。本项目将以 IRB120 机器人本体为载体，识读机器人本体及本体连接器，对机器人 6 个轴进行校准；识读机器人控制柜、网络端口、DSQC652 板卡外接口；识读示教器外观及按钮、示教器界面元素及主菜单信息。

教学目标

- 了解工业机器人本体组成；
- 理解工业机器人本体控制原理；
- 掌握工业机器人各组成部分功用；
- 会简单使用工业机器人示教器。

任务1　识读机器人本体

任务描述

结合 NGT-RA6B 模块化工业机器人应用教学系统，识读机器人本体信息及相关参数，能够准确辨别机器人本体轴位号、机器人线缆位置图，能正确描述各线缆标识号对应线路名称及线路连接对象。

实施流程

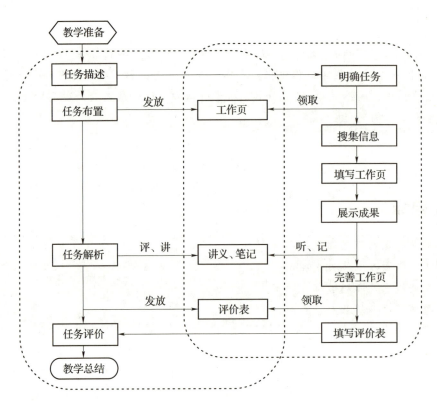

教学准备

一、材料准备：教材、工作页、多媒体课件

二、设备准备：NGT-RA6B 模块化工业机器人应用教学系统

工作步骤

识读工业机器人本体——工作页 1

班级_____ 姓名_____ 日期_____ 成绩_____

1. 根据机器人本体填写机器人轴号。

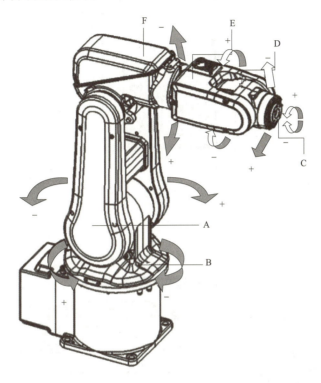

标识号	机器人轴号
A	
B	
C	
D	
E	
F	

2. 识读机器人 6 个轴零点的位置,并做简要说明。

3. 根据机器人线缆位置图，填写机器人连接线相关信息。

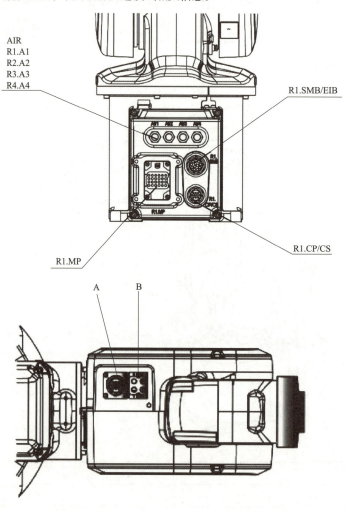

标识号	线路名称	线路连接对象
R1.MP		
AIR		
R1.SMB/EIB		
R1.CP/CS		
A		
B		

考核评价

识读工业机器人本体——考核评价表

班级_____　姓名_____　日期_____　成绩_____

序号	教学环节	参与情况	考核内容	教学评价	
				自我评价	教师评价
1	明确任务	参　与【　】 未参与【　】	领会任务意图		
			掌握任务内容		
			明确任务要求		
2	搜集信息	参　与【　】 未参与【　】	研读学习资料		
			搜集数据信息		
			整理知识要点		
3	填写工作页	参　与【　】 未参与【　】	明确工作步骤		
			完成工作任务		
			填写工作内容		
4	展示成果	参　与【　】 未参与【　】	聆听成果分享		
			参与成果展示		
			提出修改建议		
5	整理笔记	参　与【　】 未参与【　】	聆听任务解析		
			整理解析内容		
			完成学习笔记		
6	完善工作页	参　与【　】 未参与【　】	自查工作任务		
			更正错误信息		
			完善工作内容		
备注	请在教学评价栏目中填写：A、B或C　　其中，A—能，B—勉强能，C—不能				

学生心得

教师寄语

知识链接

识读机器人本体

一、IRB120 机器人本体

ABB 迄今最小的多用途机器人 IRB120 仅重 25 kg，荷重 3 kg（垂直腕为 4 kg），工作范围 580 mm，是具有低投资、高产出优势的经济可靠之选。RA6B 产品为 IRB120 机器人本体典型应用的案例，如图 1.1 所示。

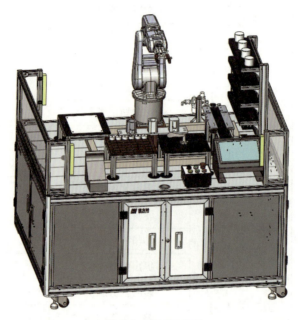

图 1.1　RA6B 产品

IRB120 机器人本体工作范围如图 1.2 所示。

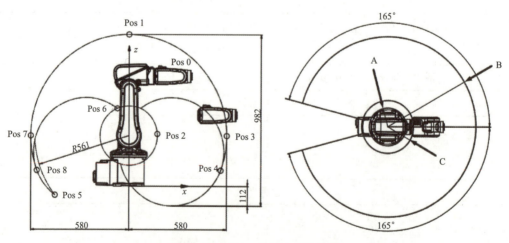

图 1.2　IRB120 机器人工作范围

IRB120机器人硬件配置信息见表1.1。

表1.1　IRB120机器人硬件配置

序号	内容	参数			
1	规格	型号 IRB120－3/0.6	工作范围 580 mm	有效荷重 3 kg（4 kg）	手臂荷重 0.3 kg
2	特性	集成信号源手腕设10路信号 集成气源手腕设4路空气（5 bar[①]） 重复定位精度0.01 mm 机器人安装任意角度 防护等级IP30 控制器IRC5紧凑型/IRC5单柜或面板嵌入式			
3	运动	轴运动 轴1 旋转 轴2 手臂 轴3 手臂 轴4 手腕 轴5 弯曲 轴6 翻转	工作范围 +165°～-165° +110°～-110° +70°～-90° +160°～-160° +120°～-120° +400°～-400°	最大速度 250°/s 250°/s 250°/s 320°/s 320°/s 420°/s	
4	性能	TCP最大速度6.2 m/s TCP最大加速度28 m/s^2 加速时间0~1 m/s 0.07 s			
5	电气连接	电源电压200~600 V 额定功率50/60 Hz 变压器额定功率3.0 kVA 功耗0.25 kW			
6	物理特性	机器人底座尺寸180 mm × 180 mm 机器人高度700 mm 质量25 kg			

二、IRB120机器人本体连接器

IRB120机器人底座线路连接（包括出厂自带的控制柜连接线，以及客户自定义的气路连接线和信号线）、控制柜连接机器人底座电缆线和编码线。

IRB120机器人底座连接线见表1.2。

表1.2　IRB120机器人底座接线

电缆子类别	描述	连接点、机柜	连接点、机器人
机器人电缆，电源	将驱动电力从控制柜中的驱动装置传送到机器人电动机	XS1	R1.MP
机器人电缆，信号	将编码器数据从电源传送到编码器接口板	XS2	R1.SMB

---

①　1 bar=10^5 Pa。

IRB120 机器人客户连接线见表 1.3。

表 1.3　IRB120 机器人客户接线

位置	连接	描述	编号	值
A	R1.CP/CS	客户电力/信号	10	49 V，500 mA
B	空气	最大 5 bar	4	内壳直径 4 mm

IRB120 机器人底座连接如图 1.3 所示。

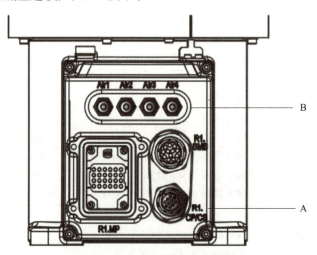

图 1.3　IRB120 机器人底座连接

IRB120 机器人上臂壳接线见表 1.4。

表 1.4　IRB120 机器人上臂壳接线

位置	连接	描述	编号	值
A	R1.CP/CS	客户电力/信号	10	49 V，500 mA
B	空气	最大 5 bar	4	内壳直径 4 mm

IRB 机器人上臂壳连接如图 1.4 所示。

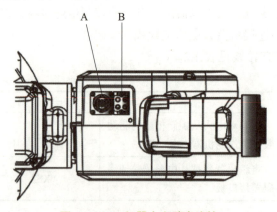

图 1.4　IRB 机器人上臂壳连接

三、IRB120 机器人 6 个轴零点位置

IRB120 机器人 1~6 轴原点位置如图 1.5 所示。

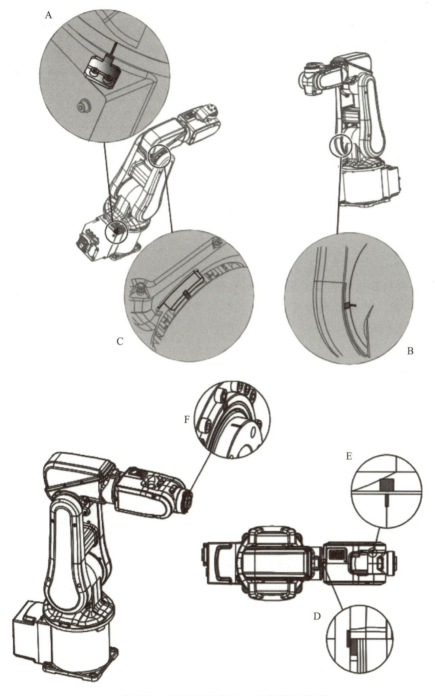

图 1.5　IRB120 机器人 1~6 轴原点位置

具体几轴零点说明见表1.5。

表1.5　各轴零点标记说明

A	同步标记，1轴零点
B	同步标记，2轴零点
C	同步标记，3轴零点
D	同步标记，4轴零点
E	同步标记，5轴零点
F	同步标记，6轴零点

任务2　识读机器人控制器

任务描述

结合NGT-RA6B模块化工业机器人应用教学系统，识读机器人控制器信息及相关参数，能够正确描述机器人控制器网络接口及开关按钮名称及作用，能够正确解读IRB120机器人DSQC652外部接线说明。

实施流程

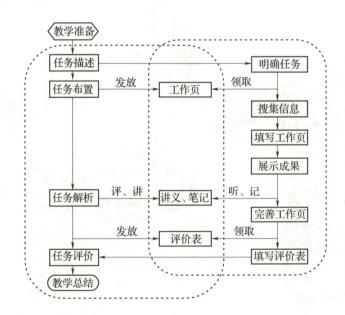

教学准备

一、材料准备：教材、工作页、多媒体课件

二、设备准备：NGT-RA6B模块化工业机器人应用教学系统

工作步骤

识读机器人控制器——工作页 2

班级_____ 姓名_____ 日期_____ 成绩_____

1. 标出图中各接口的名称作用。

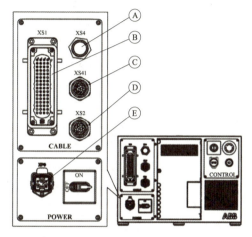

标识号	接口名称	接口作用
A		
B		
C		
D		
E		

2. 标识图中各旋钮开关作用。

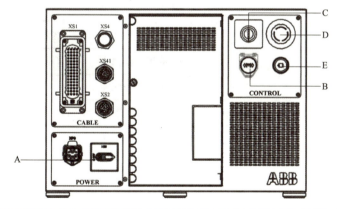

标识号	按钮名称	按钮作用
A		
B		
C		
D		
E		

考核评价

识读机器人控制器——考核评价表

班级_____ 姓名_____ 日期_____ 成绩_____

序号	教学环节	参与情况	考核内容	教学评价	
				自我评价	教师评价
1	明确任务	参 与【 】 未参与【 】	领会任务意图		
			掌握任务内容		
			明确任务要求		
2	搜集信息	参 与【 】 未参与【 】	研读学习资料		
			搜集数据信息		
			整理知识要点		
3	填写工作页	参 与【 】 未参与【 】	明确工作步骤		
			完成工作任务		
			填写工作内容		
4	展示成果	参 与【 】 未参与【 】	聆听成果分享		
			参与成果展示		
			提出修改建议		
5	整理笔记	参 与【 】 未参与【 】	聆听任务解析		
			整理解析内容		
			完成学习笔记		
6	完善工作页	参 与【 】 未参与【 】	自查工作任务		
			更正错误信息		
			完善工作内容		
备注	请在教学评价栏目中填写：A、B或C 其中，A—能，B—勉强能，C—不能					
学生心得					
教师寄语					

项目一 工业机器人识读

知识链接

识读机器人控制器接口

一、控制柜

IRB120 机器人控制器线路接口见表 1.6。

表 1.6　IRB120 机器人控制器线路接口说明

标识号	描述	作用
A	XS.4FlexPendant 连接	示教器连接口,用于示教器控制
B	XS.1 机器人供电连接	机器人本体供电,包括伺服连接控制器
C	XS.41 附加轴 SMB 连接	附加轴控制(暂时未用到)
D	XS.2 机器人 SMB 连接	用于控制轴做位置反馈的编码器接口
E	XP.0 主电路连接	控制器整个供电开关

IRB120 机器人控制器线路接口如图 1.6 所示。

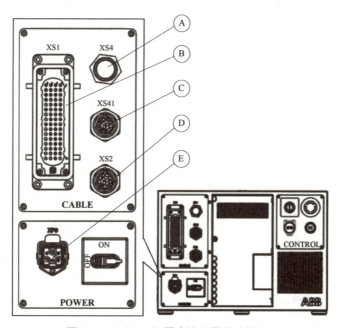

图 1.6　IRB120 机器人控制器线路接口

二、机器人网络端口

IRB120 机器人网络接口详见表 1.7。

表 1.7　IRB120 机器人网络接口说明

序号	接口名称	接口说明
1	X1	电源
2	X2(黄)	Service(PC 连接)
3	X3(绿)	LAN1(基于 Flex Pendant)
4	X4	LAN2(基于以太网选件)
5	X5	LAN3(基于以太网选件)

续表

序号	接口名称	接口说明
6	X6	WAN（连入工厂 WAN）
7	X7（蓝）	面板
8	X9（红）	轴计算机
9	X10，X11	USB 端口（4 端口）

IRB120 机器人网络端口如图 1.7 所示。

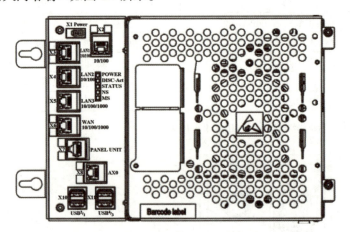

图 1.7　IRB120 机器人网络接口

IRB120 机器人网络端口作用说明如图 1.8 所示。

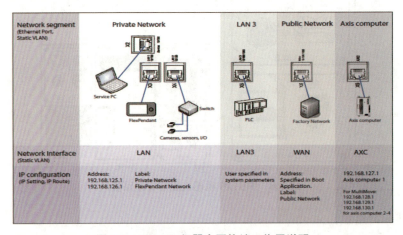

图 1.8　IRB120 机器人网络端口作用说明

三、DSQC652 外接口

IRB120 机器人 DSQC652 外部接线见表 1.8。

表 1.8　IRB120 机器人 DSQC652 外部接线说明

位置符号	注释
XS12	数字量输入 0~7
XS13	数字量输入 8~15

续表

位置符号	注释
XS14	数字量输出 0~7
XS15	数字量输出 8~15
XS16	机器人自带的 24 V 电源（24 V，0 V，24 V，0 V）
XS17	DEVIICENET 通信口

IRB120 机器人 DSQC652 外部接线端子如图 1.9 所示。

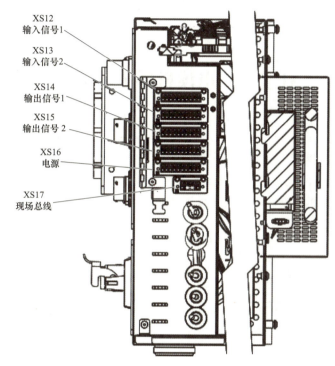

图 1.9　IRB120 机器人 DSQC652 外部接线端子

IRB120 机器人控制柜开关按钮如图 1.10 所示。

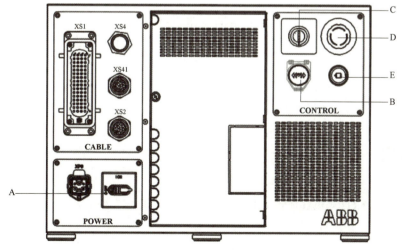

图 1.10　IRB120 机器人控制柜开关按钮

IRB120机器人控制柜开关按钮说明见表1.9。

表1.9 IRB120机器人控制柜开关按钮说明

A	主电源开关	控制器上电，机器人和控制器示教器同时得电，开始启动
B	制动闸释放按钮	打开抱闸，可手动更改6个轴的位置
C	模式开关	手自动切换开关，切换运行模式
D	紧急停止	对机器人进行紧急制动，机器人立刻停止
E	电动机开启	自动状态下，机器人电动机使能，也可用于报警清除

任务3　识读机器人示教器

任务描述

结合NGT-RA6B模块化工业机器人应用教学系统，识读机器人示教器信息及相关参数，能够正确识读示教器各组成部分的名称及作用、示教器主界面元素内容及作用，能够准确描述IRB120机器人示教器主菜单下各操作界面的功能。

实施流程

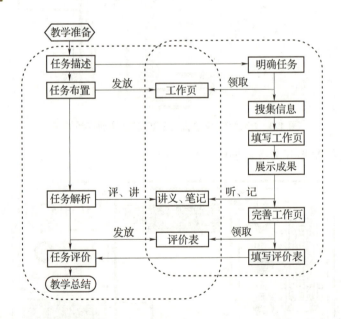

教学准备

一、材料准备：教材、工作页、多媒体课件

二、设备准备：NGT-RA6B模块化工业机器人应用教学系统

工作步骤

识读机器人示教器——工作页 3

班级_____ 姓名_____ 日期_____ 成绩_____

1. 识读示教器各组成部分的名称及作用，并填写下表。

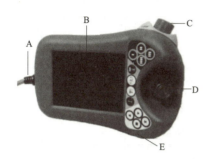 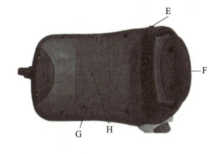

标识号	名称	作用
A		
B		
C		
D		
E		
F		
G		
H		

2. 识读示教器界面元素内容及作用。

名称	作用	名称	作用
HotEdit		程序数据	
输入输出		备份与恢复	
手动操纵		校准	
自动生产窗口		控制面板	
程序编辑器		事件日志	
资源管理器		系统信息	

考核评价

识读机器人示教器——考核评价表

班级_____ 姓名_____ 日期_____ 成绩_____

序号	教学环节	参与情况	考核内容	教学评价	
				自我评价	教师评价
1	明确任务	参 与【 】 未参与【 】	领会任务意图		
			掌握任务内容		
			明确任务要求		
2	搜集信息	参 与【 】 未参与【 】	研读学习资料		
			搜集数据信息		
			整理知识要点		
3	填写工作页	参 与【 】 未参与【 】	明确工作步骤		
			完成工作任务		
			填写工作内容		
4	展示成果	参 与【 】 未参与【 】	聆听成果分享		
			参与成果展示		
			提出修改建议		
5	整理笔记	参 与【 】 未参与【 】	聆听任务解析		
			整理解析内容		
			完成学习笔记		
6	完善工作页	参 与【 】 未参与【 】	自查工作任务		
			更正错误信息		
			完善工作内容		
备注	请在教学评价栏目中填写：A、B 或 C　　其中，A—能，B—勉强能，C—不能				
学生心得						
教师寄语						

知识链接

一、识读机器人示教器组成元素

IRB120 机器人示教器外观硬件说明见表 1.10。

表 1.10　IRB120 机器人示教器外观硬件说明

符号	名称	作用
A	连接线	连接示教器和控制柜的线缆
B	触摸屏	显示运行界面
C	紧急停止按钮	对机器人进行紧急制动
D	控制杆	对机器人运动方向进行控制
E	USB 端口	读取 USB
F	使能装置	对机器人进行使能
G	触摸笔	方便触屏操作
H	重置按钮	示教器清零,恢复出厂

IRB120 机器人示教器外观及按钮如图 1.11 所示和图 1.12 所示。

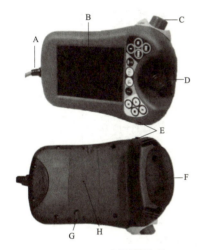

图 1.11　示教器外观

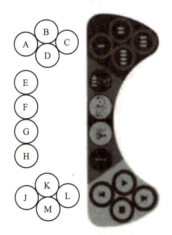

图 1.12　示教器按钮

IRB120 机器人示教器按钮说明见表 1.11。

表 1.11　IRB120 机器人示教器按钮说明

符号	注释
A~D	预设按键
E	选择机械单元
F	切换运动模式,选择重定位或线性运动操作
G	切换运动模式,对 1~3 或 4~6 轴进行运动调整
H	切换增量
J	"Step BACKWARD"(步退)按钮。按下此按钮,可使程序后退至上一条指令
K	"START"(启动)按钮。按下此按钮,开始执行程序
L	"Step FORWARD"(步进)按钮。按下此按钮,可使程序前进至下一条指令
M	"STOP"(停止)按钮。按下此按钮,停止执行程序

二、识读机器人示教器界面元素内容

1. 初始界面

IRB120 机器人示教器主界面元素见表 1.12。

表 1.12　IRB120 机器人示教器主界面元素

符号	名称
A	ABB 菜单
B	操作员窗口
C	状态栏
D	关闭按钮
E	任务栏
F	快速设置菜单

IRB120 机器人示教器主界面图如图 1.13 所示。

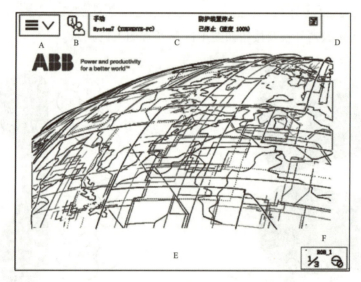

图 1.13　IRB120 机器人示教器主界面

2. 主菜单窗口

IRB120 机器人示教器菜单界面如图 1.14 所示。

图 1.14　IRB120 机器人示教器菜单界面

（1）HotEdit 视图显示

机器人示教器 HotEdit 界面如图 1.15 所示。

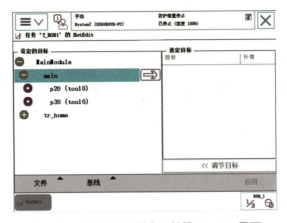

图 1.15　IRB120 机器人示教器 HotEdit 界面

（2）FlexPendant 资源管理器

机器人示教器资源管理器说明见表 1.13。

表 1.13　机器人示教器资源管理器说明

符号	注释
A	简单视图。单击后可在文件窗口中隐藏文件类型
B	详细视图。单击后可在文件窗口中显示文件类型
C	路径。显示文件夹路径
D	菜单。单击显示文件处理的功能
E	新建文件夹。单击可在当前文件夹中创建新文件夹
F	向上一级。单击进入上一级文件夹
G	Refresh（刷新）。单击以刷新文件和文件夹

机器人示教器资源管理器界面如图 1.16 所示。

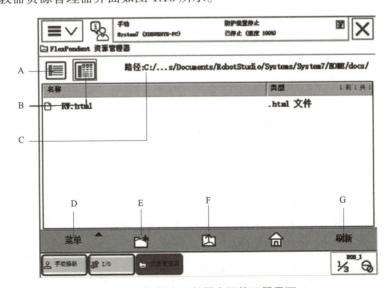

图 1.16　机器人示教器资源管理器界面

（3）输入输出

主要用来监控配置 I/O 信号的状态（具体信号配置参看项目二的任务 3），机器人示教器输入输出界面如图 1.17 所示。

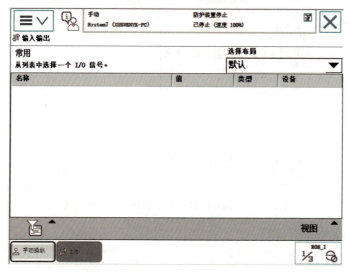

图 1.17　机器人示教器输入输出界面

（4）手动操纵

主要用来新建工具工件坐标系、切换坐标系、更改运动模式和增量模式。机器人示教器手动操纵界面说明见表 1.14。

表 1.14　机器人示教器手动操纵界面说明

属性／按钮	功能
机械单元	选择手动控制的机械单元
绝对精度	Absolute accuracy: Off（绝对精度：关闭），为默认值。如果机器人配备 Absolute Accuracy 选件，则会显示 Absolute Accuracy: On（绝对精度：开启）
动作模式	选择动作模式
坐标系	选择坐标系
工具	选择工具
工件坐标	选择工件
有效载荷	选择有效载荷
控制杆锁定	选择控制杆方向锁定
增量	选择运动增量
位置	参照选定的坐标系显示每个轴位置（如果用红色显示位置值，则必须更新转数计数器）
位置格式	选择位置格式
控制杆方向	显示当前控制杆方向，取决于动作模式的设置
对准	将当前工具对准坐标系
转到	将机器人移至选定位置／目标
启动	启动机械单元

机器人示教器手动操纵界面如图 1.18 所示。

图 1.18　机器人示教器手动操纵界面

（5）程序数据

主要用来查看数据值，或者新建变量，查看变量的值。

程序数据界面如图 1.19 所示。

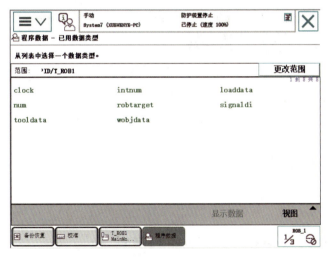

图 1.19　程序数据界面

（6）程序编辑器

主要进行程序编写、点位的示教。

编写程序界面说明见表 1.15。

表 1.15　编写程序界面说明

名称	作用
任务与程序	程序操作菜单
模块	列出所有模块
例行程序	列出所有例行程序

续表

名称	作用
添加指令	打开指令菜单
编辑	打开编辑菜单
调试	移动程序指针功能、服务例行程序等
修改位置	示教位置
隐藏声明	隐藏声明使程序代码更容易阅读

编写程序界面如图 1.20 所示。

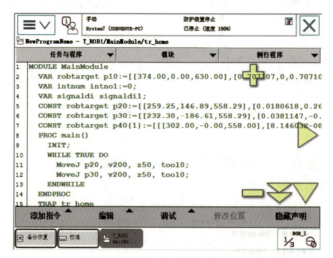

图 1.20　编写程序界面

（7）备份与恢复

主要用于备份当前机器人系统或者恢复备份文件。备份里面包括了书写的程序、建立的 I/O 点、配置的通信单元等。

备份与恢复界面如图 1.21 所示。

（8）校准

主要用于校准零点位置。校准界面如图 1.22 所示。

图 1.21　备份与恢复界面　　　　　　图 1.22　校准界面

（9）事件日志

主要显示机器人的状态信息和报警信息。具体内容如图1.23所示。

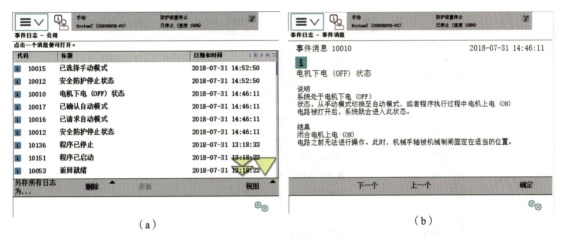

（a）

（b）

图1.23　事件日志界面

（a）机器人事件日志状态信息图；（b）机器人事件日志报警信息图

（10）系统信息

主要显示控制器的状态信息（包括轴的参数及机器人功能选项的信息）。系统信息如图1.24所示。

（11）重新启动

主要显示重新启动相关信息，如图1.25所示。

重启：在配置系统参数时，需要重新启动时用到。

重置系统：用于出现机器人问题时，恢复到出厂设置，检查是否是软件系统问题。

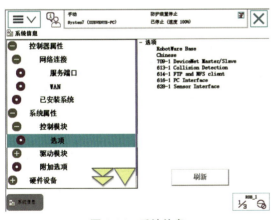

图1.24　系统信息

图1.25　重新启动界面

（12）控制面板

控制面板显示信息如图 1.26 所示。

图 1.26　控制面板

（13）状态栏

控制面板说明见表 1.16。

表 1.16　控制面板说明

名称	注释
外观	自定义显示器亮度的设置
监控	动作监控设置和执行设置
Flex Pendant	操作模式切换和用户授权系统（UAS）视图配置
I/O	配置常用 I/O 列表的设置
*语言	机器人控制器当前语言的设置
*Prog Keys	Flex Pendant 四个可编程按键的设置
*配置	系统参数的配置
触摸屏	触摸屏重新校准设置
日期和时间	机器人控制器的日期和时间设置
表中＊号为常用的功能。	

示教器状态栏信息如图 1.27 所示。

图 1.27　示教器状态栏

示教器状态说明见表 1.17。

表 1.17　示教器状态说明

标识号	注释
A	操作员窗口
B	操作模式
C	系统名称（和控制器名称）
D	控制器状态
E	程序状态
F	机械单元。选定单元（以及与选定单元协调的任何单元）以边框标记。活动单元显示为彩色，而未启动单元则呈灰色

（14）快速设置菜单

示教器快速设置菜单如图 1.28 所示。

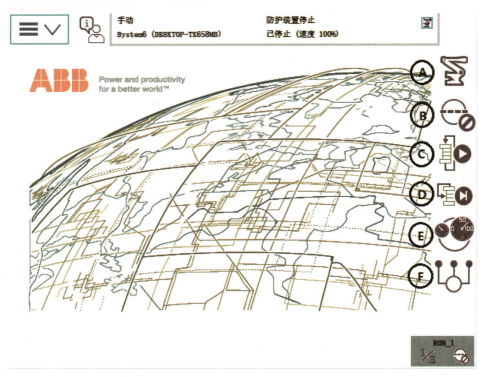

图 1.28　快速设置菜单界面

快速设置菜单说明见表 1.18。

表 1.18　快速设置菜单说明

标识号	名称	展开图	作用
A	机械单元		机器人手动操作切换中心
B	增量		显示机器人摇杆控制每次前进多少
C	运行模式		显示程序运行时,是自动连续运行,还是执行一遍。 单周:当指针到达 END-PROC 时,停止执行。 连续:当指针到达 END-PROC 时,继续循环执行

续表

标识号	名称	展开图	作用
D	单步模式		
E	速度		设定机器人运行速度百分比
F	任务		启动或停止某个任务时调用。一般在多任务选项系统，当配置有两个任务时切换使用

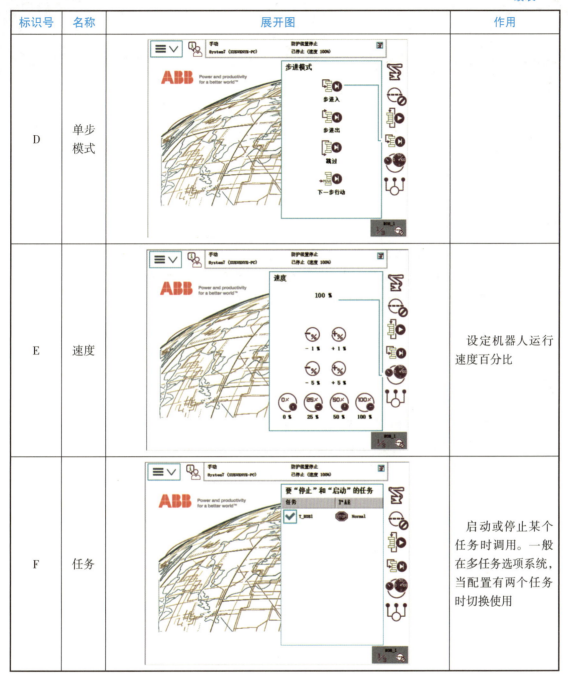

思考与练习

1. 工业机器人经历了几个发展阶段？
2. 工业机器人的应用领域主要有哪些？
3. 工业机器人的额定负载指的是什么？
4. 工业机器人的工作空间是如何定义的？
5. 什么是工业机器人的自由度？

项目二

示教器基本操作

项目简介

机器人基本操作的核心设备是示教器，示教器的正确操作将大大提高机器人工作效率。本项目主要讲授手持示教器操作方法；机器人手动关节动作及更新转数计数器的具体操作步骤；识读 I/O 板卡信息及相关参数；配置板卡及 I/O 信号。

教学目标

- 了解工业机器人示教器参数及设置方法；
- 理解工业机器人手动操作流程；
- 掌握工业机器人手动操作参数设置方法；
- 会手动操作工业机器人。

任务 1　使用示教器

任务描述

结合 NGT-RA6B 模块化工业机器人应用教学系统，手动操作机器人示教器，能够正确选择动作模式进行操作，能够独立完成机器人手动关节动作、手动线性动作、手动重定位动作、手动操作增量。

实施流程

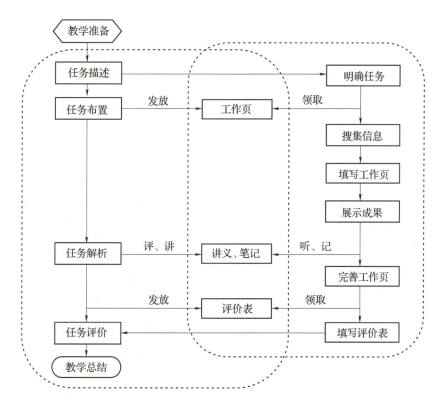

教学准备

一、材料准备：教材、工作页、多媒体课件

二、设备准备：NGT-RA6B 模块化工业机器人应用教学系统

工作步骤

使用示教器——工作页 4

班级_____ 姓名_____ 日期_____ 成绩_____

1. 手持示教器正确方法。

2. 机器人手动关节动作。

3. 机器人手动线性动作。

4. 机器人手动重定位动作。

5. 手动操作增量式。

6. 根据下列坐标系对应的动作模式进行操作。

动作模式	操作杆如图示
线性运动	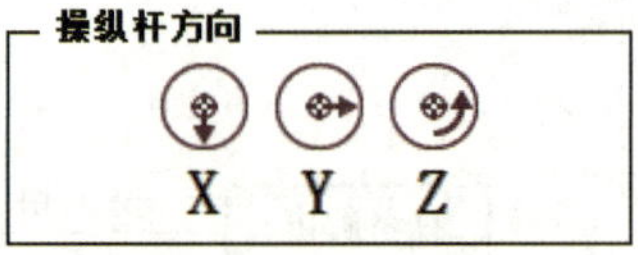 操纵杆方向 X Y Z
1~3 轴关节运动	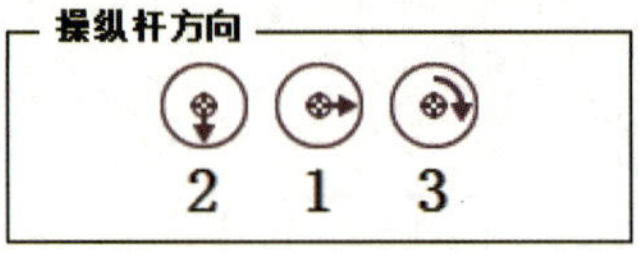 操纵杆方向 2 1 3
4~6 轴关节运动	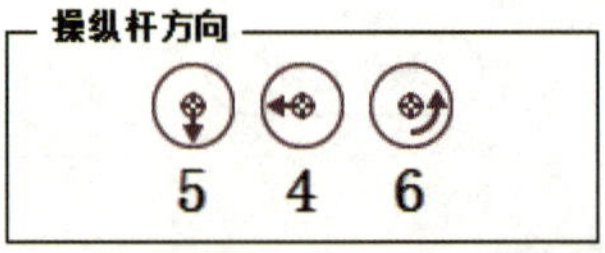 操纵杆方向 5 4 6
重定位	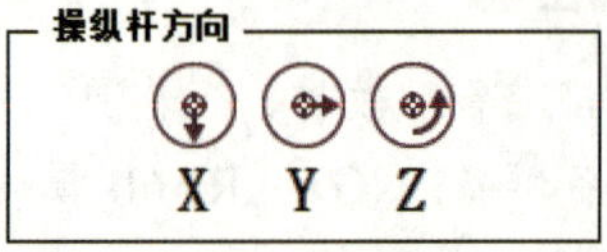 操纵杆方向 X Y Z

续表

7. 以下（　　）是手动切换操作模式。

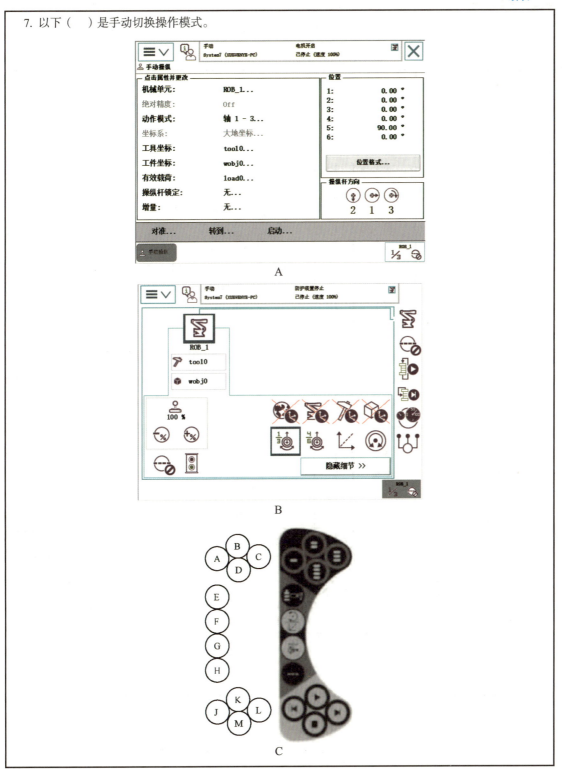

考核评价

使用示教器——考核评价表

班级_____ 姓名_____ 日期_____ 成绩_____

序号	教学环节	参与情况	考核内容	教学评价	
				自我评价	教师评价
1	明确任务	参　与【　】 未参与【　】	领会任务意图		
			掌握任务内容		
			明确任务要求		
2	搜集信息	参　与【　】 未参与【　】	研读学习资料		
			搜集数据信息		
			整理知识要点		
3	填写工作页	参　与【　】 未参与【　】	明确工作步骤		
			完成工作任务		
			填写工作内容		
4	展示成果	参　与【　】 未参与【　】	聆听成果分享		
			参与成果展示		
			提出修改建议		
5	整理笔记	参　与【　】 未参与【　】	聆听任务解析		
			整理解析内容		
			完成学习笔记		
6	完善工作页	参　与【　】 未参与【　】	自查工作任务		
			更正错误信息		
			完善工作内容		
备注	请在教学评价栏目中填写：A、B或C　　其中，A—能，B—勉强能，C—不能				
学生心得					
教师寄语					

知识链接

一、手持示教器操作

操作 Flex Pendant 时，通常会手持该设备，如图 2.1 所示。惯用右手者用左手持设备，右手在触摸屏上执行操作；而惯用左手者可以轻松通过将显示器旋转 180°，使用右手手持设备，轻按使能按钮，保持在中间挡位，使机器人使能。

二、机器人手动关节动作

机器人在关节坐标系下的运动也称单轴运动，即每次手动操作机器人某一个关节轴的转动。具体操作步骤如下所示。

图 2.1 手持示教器

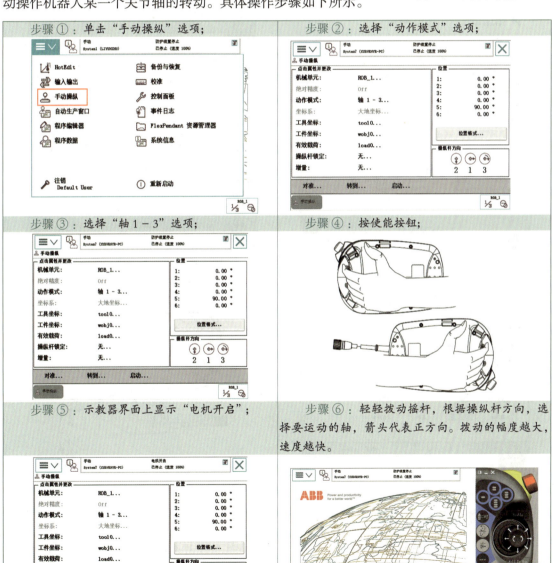

三、机器人手动线性动作

机器人在直角坐标系下的运动是线性运动,即机器人工具中心点(TCP)在空间中沿坐标轴做直线运动。线性运动是机器人多轴联动的效果,详细操作步骤如下所示。

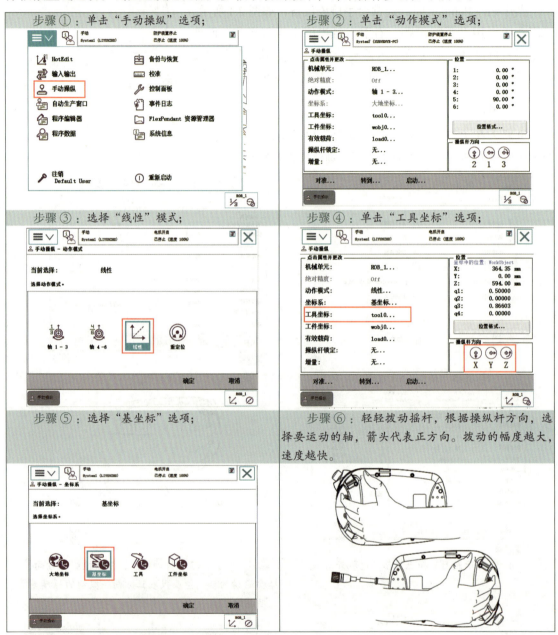

四、机器人手动重定位动作

机器人的重定位运动是指机器人第6轴法兰盘上的工具TCP点在空间中绕着坐标轴旋转的运动,也可以理解为机器人绕着工具TCP点做姿态调整的运动。

手动重定位操作步骤如下所示。

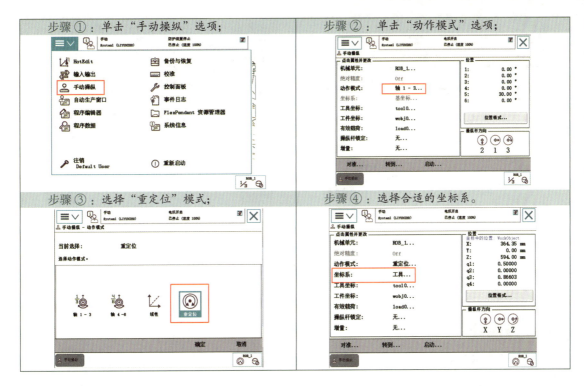

五、机器人手动操作增量

手动操作机器人时,为了避免操作不当而产生意外,可以在手动操作时开启"增量"模式。在"增量"模式中,操纵杆每移动一次,机器人就移动一步。如果移动操纵杆持续 1 s 以上,机器人将持续运动。手动操作"增量"模式具体步骤如下所示。

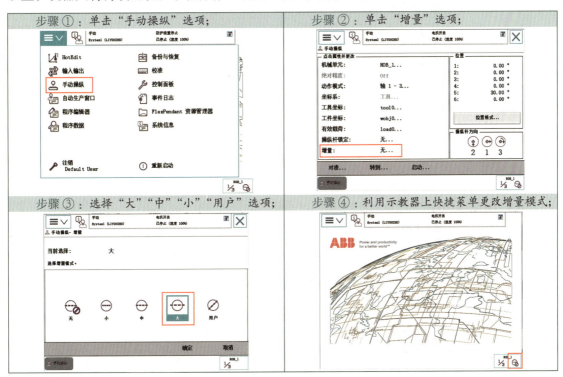

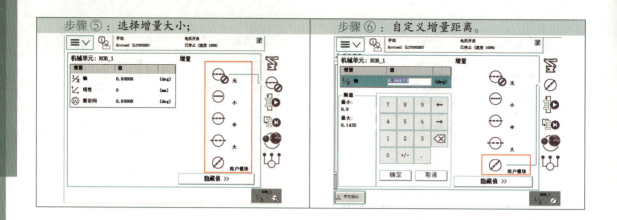

任务 2　更新转数计数器

任务描述

结合 NGT-RA6B 模块化工业机器人应用教学系统，自行操作示教器进行转数计数器更新操作，能够清晰地知道机器人校准的前提条件及步骤，能够正确实施机器人示教器更新转数计数器校准。

实施流程

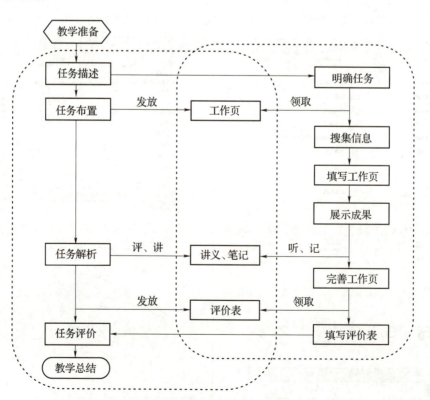

教学准备

一、材料准备：教材、工作页、多媒体课件

二、设备准备：NGT－RA6B 模块化工业机器人应用教学系统

工作步骤

更新转数计数器——工作页 5

班级_____ 姓名_____ 日期_____ 成绩_____

1. 机器人校准的前提条件有哪些？

2. 根据机器人 6 个轴零点位置，为下面 4 张图片标注轴信息。

（   ）轴零点

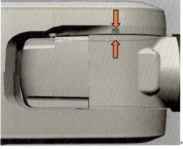

（   ）轴零点

（   ）轴零点

（   ）轴零点

3. 机器人示教器更新转数计数器校准步骤有哪些？

考核评价

更新转数计数器——考核评价表

班级_____　姓名_____　日期_____　成绩_____

序号	教学环节	参与情况	考核内容	教学评价	
				自我评价	教师评价
1	明确任务	参　与【　】 未参与【　】	领会任务意图		
			掌握任务内容		
			明确任务要求		
2	搜集信息	参　与【　】 未参与【　】	研读学习资料		
			搜集数据信息		
			整理知识要点		
3	填写工作页	参　与【　】 未参与【　】	明确工作步骤		
			完成工作任务		
			填写工作内容		
4	展示成果	参　与【　】 未参与【　】	聆听成果分享		
			参与成果展示		
			提出修改建议		
5	整理笔记	参　与【　】 未参与【　】	聆听任务解析		
			整理解析内容		
			完成学习笔记		
6	完善工作页	参　与【　】 未参与【　】	自查工作任务		
			更正错误信息		
			完善工作内容		
备注	请在教学评价栏目中填写：A、B或C　　其中，A—能，B—勉强能，C—不能					
学生心得					
教师寄语					

项目二 示教器基本操作

知识链接

一、机器人校准的前提条件

ABB 机器人 6 个关节轴都有一个机械原点的位置，在以下几种情况下，机器人示教器上会提示"10036 转数计数器未更新"。

① 当新机器人第一次使用时，通电之后。
② 更换伺服电动机转数计数器电池后。
③ 当转数计数器发生故障，修复后。
④ 转数计数器与测量板之间断开以后。
⑤ 断电后，机器人关节发生移动。

二、机器人 6 个轴零点位置

使用手动操作机器人各关节轴运动到机械原点的顺序是：4 轴—5 轴—6 轴—1 轴—2 轴—3 轴。机器人各轴零点位置如图 2.2 所示。

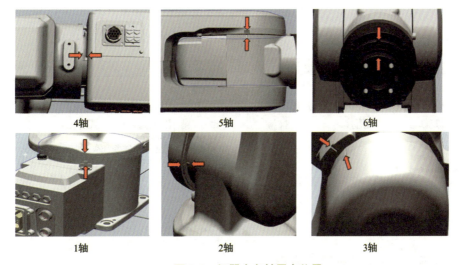

图 2.2 机器人各轴零点位置

三、示教器更新转数计数器校准步骤

当各个轴的机械原点位置都找到之后，进行转数计数器更新，具体操作步骤如下所示。

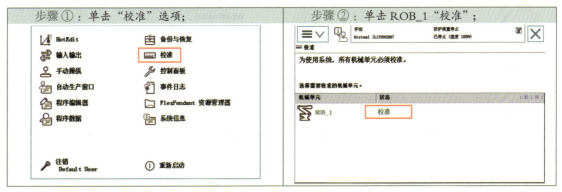

41

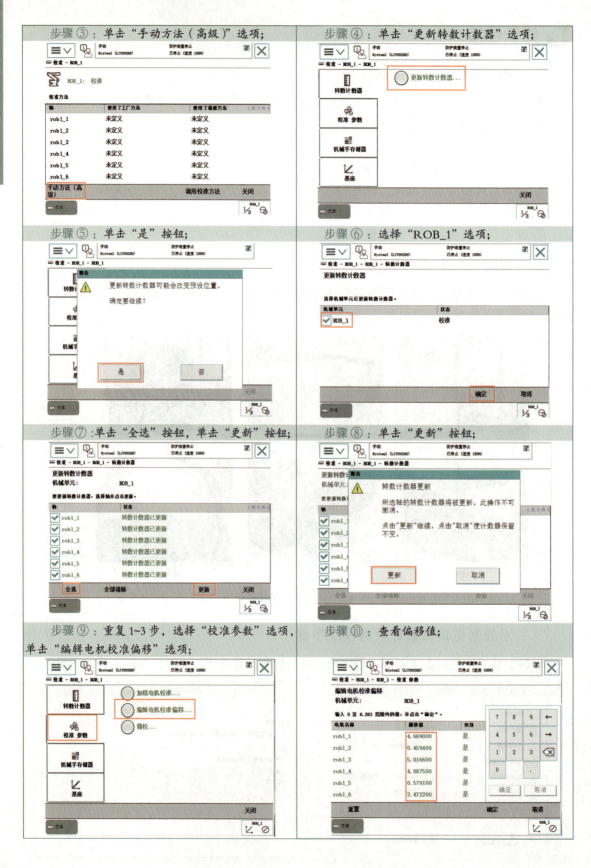

步骤⑪：与实际机器人本体上一轴上贴的偏移值相同。

任务3　配置I/O板卡及信号

任务描述

结合NGT-RA6B模块化工业机器人应用教学系统，识读I/O板卡信息及相关参数，能够利用给定的板卡输入输出端子信息表正确配置DSQC652板卡。

实施流程

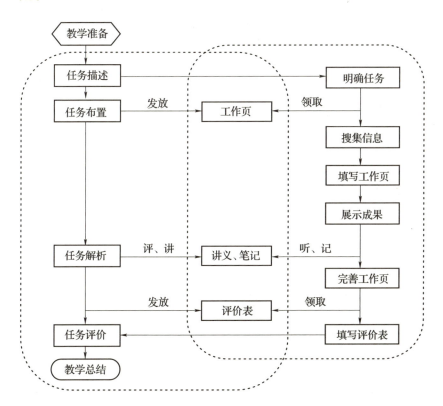

教学准备

一、材料准备：教材、工作页、多媒体课件

二、设备准备：NGT－RA6B 模块化工业机器人应用教学系统

工作步骤

配置 I/O 板卡及信号——工作页 6

班级_____ 姓名_____ 日期_____ 成绩_____

1. 熟悉 DSQC 652 板卡硬件信息。

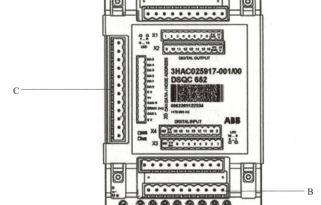

标识号	硬件信息
A	
B	
C	

2. 配置 DSQC 652 板卡主要是配置（　　）。

A. 名称　　　　　　B. 地址　　　　　　C. 输入输出大小　　　　　　D. 信任等级

3. 配置 DSQC 652 板卡 I/O 主要是配置（　　）。

A. 名称　　　　　　B. 地址　　　　　　C. 信号类型　　　　　　D. 所属板卡

4. 熟练配置 I/O 信号。

5. 配置 DSQC 652 板卡，记录操作步骤。

考核评价

配置 I/O 板卡及信号——考核评价表

班级＿＿＿＿＿＿＿　姓名＿＿＿＿＿＿＿　日期＿＿＿＿＿＿＿　成绩＿＿＿＿＿＿＿

序号	教学环节	参与情况	考核内容	教学评价	
				自我评价	教师评价
1	明确任务	参　与【　】 未参与【　】	领会任务意图		
			掌握任务内容		
			明确任务要求		
2	搜集信息	参　与【　】 未参与【　】	研读学习资料		
			搜集数据信息		
			整理知识要点		
3	填写工作页	参　与【　】 未参与【　】	明确工作步骤		
			完成工作任务		
			填写工作内容		
4	展示成果	参　与【　】 未参与【　】	聆听成果分享		
			参与成果展示		
			提出修改建议		
5	整理笔记	参　与【　】 未参与【　】	聆听任务解析		
			整理解析内容		
			完成学习笔记		
6	完善工作页	参　与【　】 未参与【　】	自查工作任务		
			更正错误信息		
			完善工作内容		
备注	请在教学评价栏目中填写：A、B 或 C　　其中，A—能，B—勉强能，C—不能				
学生心得					
教师寄语					

知识链接

一、熟悉 DSQC 652 板卡硬件信息

DSQC 652 板卡信息见表 2.1。

表 2.1 DSQC 652 板卡信息

标识号	硬件信息
A	数字量输出信号（X1~X2）
B	数字量输入信号（X3~X4）
C	DeviceNet

机器人 DSQC 652 板卡具体位置如图 2.3 所示。

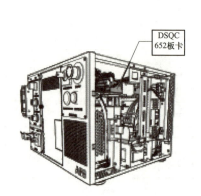
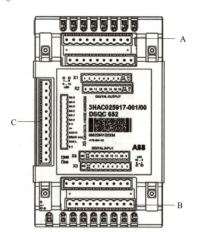

图 2.3 机器人 DSQC 652 板卡

DSQC 652 板卡 X1 输入端子信息见表 2.2。

表 2.2 DSQC 652 板卡 X1 输入端子

X1 端子编号	使用定义	地址分配	X1 端子编号	使用定义	地址分配
1	OUTPUT CH1	0	6	OUTPUT CH6	5
2	OUTPUT CH2	1	7	OUTPUT CH7	6
3	OUTPUT CH3	2	8	OUTPUT CH8	7
4	OUTPUT CH4	3	9	0 V	
5	OUTPUT CH5	4	10	24 V	

DSQC 652 板卡 X2 输入端子信息见表 2.3。

表 2.3 DSQC 652 板卡 X2 输出端子

X2 端子编号	使用定义	地址分配	X2 端子编号	使用定义	地址分配
1	OUTPUT CH9	8	6	OUTPUT CH14	13
2	OUTPUT CH10	9	7	OUTPUT CH15	14
3	OUTPUT CH11	10	8	OUTPUT CH16	15
4	OUTPUT CH12	11	9	0 V	
5	OUTPUT CH13	12	10	24 V	

DSQC 652 板卡 X3 输入端子信息见表 2.4。

表 2.4　DSQC 652 板卡 X3 输入端子

X3 端子编号	使用定义	地址分配	X3 端子编号	使用定义	地址分配
1	INPUT CH1	0	6	INPUT CH6	5
2	INPUT CH2	1	7	INPUT CH7	6
3	INPUT CH3	2	8	INPUT CH8	7
4	INPUT CH4	3	9	0 V	
5	INPUT CH5	4	10	未使用	

DSQC 652 板卡 X4 输入端子信息见表 2.5。

表 2.5　DSQC 652 板卡 X4 输出端子

X4 端子编号	使用定义	地址分配	X4 端子编号	使用定义	地址分配
1	INPUT CH9	8	6	INPUT CH14	13
2	INPUT CH10	9	7	INPUT CH15	14
3	INPUT CH11	10	8	INPUT CH16	15
4	INPUT CH12	11	9	0 V	
5	INPUT CH13	12	10	未使用	

DSQC 652 板卡 X5 输入端子信息见表 2.6。

表 2.6　DSQC 652 板卡 X5 Devicenet 端子

X5 端子编号	使用定义	X5 端子编号	使用定义
1	0 V BLACK	7	模块 ID bit0（LSB）
2	CAN 信号线 LOW BLUE	8	模块 ID bit1（LSB）
3	屏蔽线	9	模块 ID bit2（LSB）
4	CAN 信号线 HIGH BLUE	10	模块 ID bit3（LSB）
5	24 V RED	11	模块 ID bit4（LSB）
6	GND 公共端	12	模块 ID bit5（LSB）

DSQC 652 板卡 X5 DeviceNet 端子如图 2.4 所示。

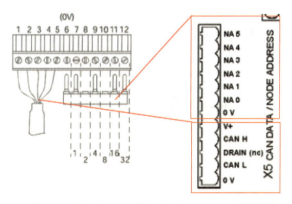

图 2.4　DSQC 652 板卡 X5 DeviceNet 端子图

二、熟练配置 DSQC 652 板卡

ABB 标准 I/O 板卡都是下挂在 DeviceNet 总线下的，在设定 DSQC 652 板卡内部信号之前，需要将其与 DeviceNet 总线相连，分配必要的名称和地址信息。DSQC 652 板卡配置如下所示。

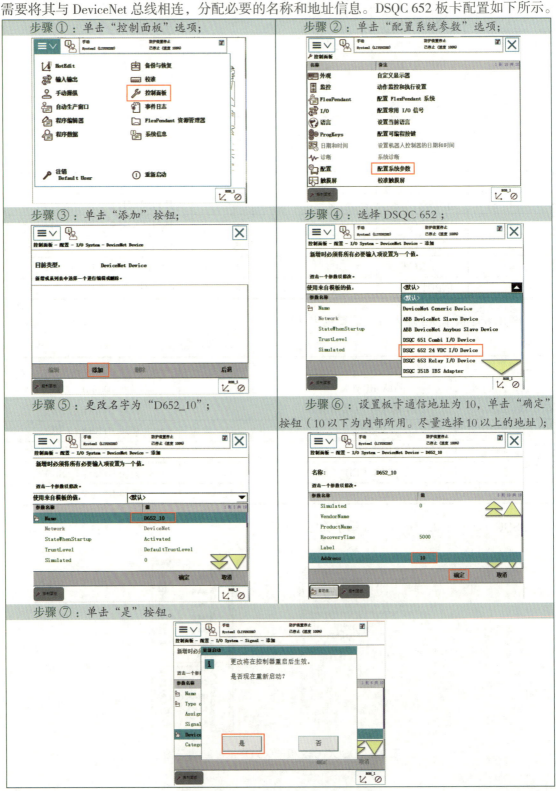

三、熟练配置 I/O 信号

标准 I/O 板卡的数字量输入和输出信号可以用来和外围设备进行简单的数字逻辑通信，可以外接传感器、电磁阀之类的设备。I/O 信号配置操作步骤如下所示。

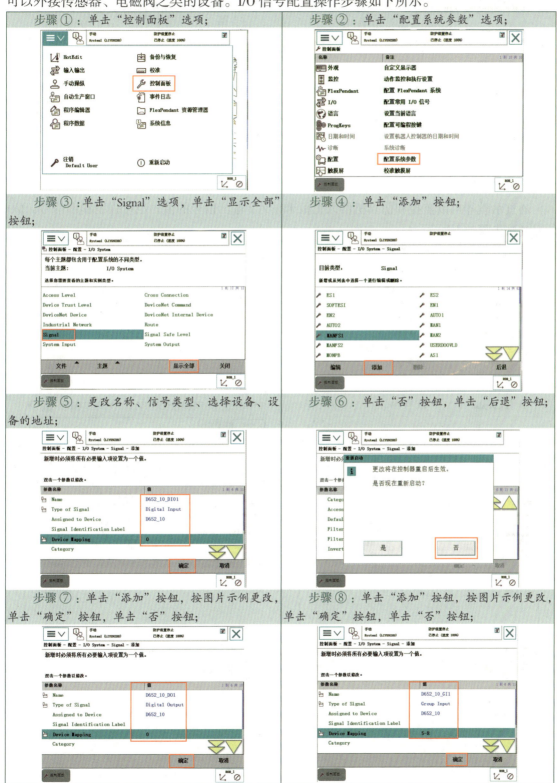

四、测试 I/O 信号

通过示教器可以监控和仿真机器人上板卡输入/输出信号的值，也可强制输出信号。I/O 信号测试步骤如下所示。

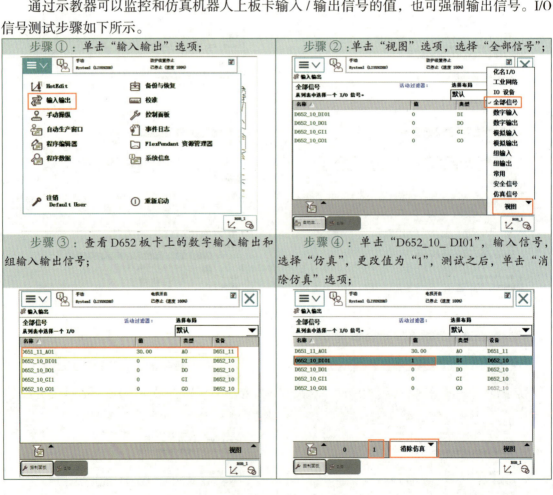

步骤⑤：单击"D652_10_ D01"，输出信号，强制输出，直接单击"1"。如果需要仿真，单击"仿真"，再单击"1"；

步骤⑥：单击"D652_10_ G01"，更改输入值。注意，输入范围不要超过最大值。

思考与练习

1. 使用示教器的注意事项有哪些？
2. 转数计数器的作用是什么？
3. 如何更新转数计数器？
4. 如何配置 I/O 板卡？
5. 举例说明 I/O 信号设置的步骤。

项目三
打磨工位的操作与编程

📖 项目简介

工业机器人在打磨工位中的使用，不仅能对工业生产操作提供安全保障，还能大大提高工作效率，为企业创造客观的社会经济效益。本项目以打磨工位的识读为切入点，介绍坐标系的定义及类型，完成打磨工位工装工具坐标系的建立；讲解 RAPID 语言和基本运动指令，完成打磨工位程序编写；讲解手动调试的步骤，完成打磨工位程序调试。

📖 教学目标

- 了解 NGT – RA6B 打磨工位及电气系统组成；
- 掌握 NGT – RA6B 打磨工位坐标系建立方法；
- 掌握 NGT – RA6B 打磨工位程序编写方法；
- 会操作、调试 NGT – RA6B 打磨工位。

任务1　识读打磨工位

任务描述

结合 NGT-RA6B 模块化工业机器人应用教学系统，识读打磨工位组成，能够准确说出打磨工装、工装夹爪、工装底座及打磨平台。

实施流程

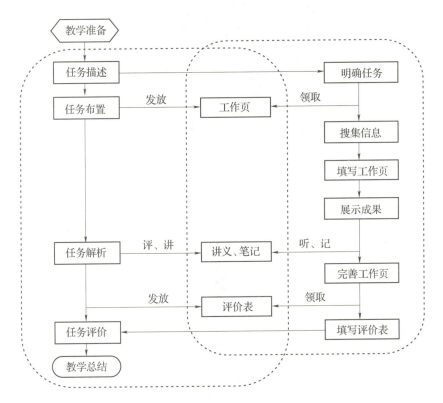

教学准备

一、材料准备：教材、工作页、多媒体课件

二、设备准备：NGT-RA6B 模块化工业机器人应用教学系统

工作步骤

识读打磨工位——工作页 7

班级_____　姓名_____　日期_____　成绩_____

1. 标出图中打磨工位。

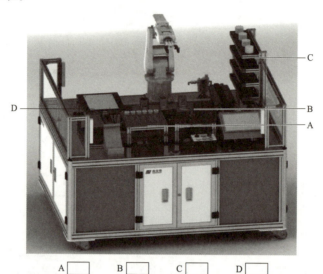

A ☐　　B ☐　　C ☐　　D ☐

请在对应标识处勾选出打磨单元。

2. 请结合上图及下面的提示信息，描述下面各部件的组成。

名称	图片	描述组成
打磨工装		
机器人工装	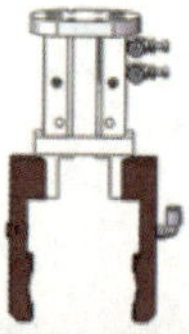	
打磨工位		

考核评价

识读打磨工位——考核评价表

班级_____　姓名_____　日期_____　成绩_____

序号	教学环节	参与情况	考核内容	教学评价	
				自我评价	教师评价
1	明确任务	参 与【 】 未参与【 】	领会任务意图		
			掌握任务内容		
			明确任务要求		
2	搜集信息	参 与【 】 未参与【 】	研读学习资料		
			搜集数据信息		
			整理知识要点		
3	填写工作页	参 与【 】 未参与【 】	明确工作步骤		
			完成工作任务		
			填写工作内容		
4	展示成果	参 与【 】 未参与【 】	聆听成果分享		
			参与成果展示		
			提出修改建议		
5	整理笔记	参 与【 】 未参与【 】	聆听任务解析		
			整理解析内容		
			完成学习笔记		
6	完善工作页	参 与【 】 未参与【 】	自查工作任务		
			更正错误信息		
			完善工作内容		
备注	请在教学评价栏目中填写：A、B或C　　其中，A—能，B—勉强能，C—不能				
学生心得					
教师寄语					

知识链接

一、打磨工装

打磨工装由打磨固定座、打磨电动机组成。电动机电源线外接到固定座上，供电直接接通外接的电源线，24 V 供电，通过机器人驱动打磨电动机，打磨门把手工装。打磨工装如图 3.1 所示。

二、工装夹爪

工装夹爪直接安装在机器人上，可以直接抓取其他 3 种工装进行作业，也可以直接抓取方形工件进行搬运入库工作。工装夹爪主要由气爪、手指、光线放大器感应头、导电电极、真空气路等组成。工装夹爪在抓取抛光工装和真空吸盘工装时，电路和气路能够自动对接，无须人工辅助。机器人工装夹爪如图 3.2 所示。

图 3.1 打磨工装

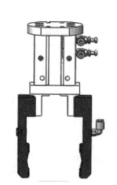
图 3.2 机器人工装夹爪

三、工装底座

工装底座由铝型材和铝板加工件搭建而成，底部为方便调节位置的安装底板。工装底座如图 3.3 所示。

四、打磨平台

抛光工作站由铝型材支架、抛光平台、被抛光工件等组成。为机器人实现打磨抛光提供场所，抛光头围绕工件的上部手柄抛光。打磨平台如图 3.4 所示。

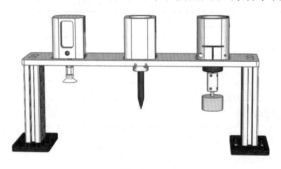
图 3.3 工装底座

图 3.4 打磨平台

任务2 建立打磨工位坐标系

📌 任务描述

结合NGT-RA6B模块化工业机器人应用教学系统,以打磨工位为切入点,学习坐标系定义及类型,能够利用6点法建立打磨工装工具坐标系、工件坐标系。

📌 实施流程

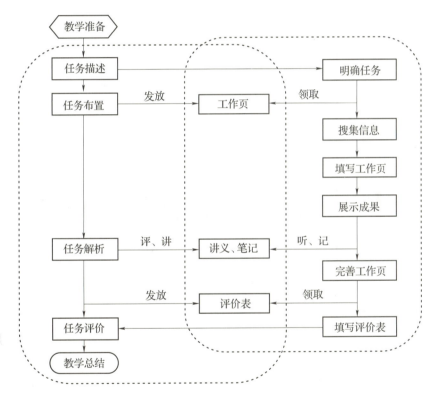

📌 教学准备

一、材料准备:教材、工作页、多媒体课件

二、设备准备:NGT-RA6B模块化工业机器人应用教学系统

工作步骤

建立打磨工位坐标系——工作页 8

班级_____ 姓名_____ 日期_____ 成绩_____

工作步骤	工作内容	注意事项
创建工具坐标系（6点法）	1. 通过示教器进行工具坐标系创建 2. 在手动操纵界面新建工具坐标系 3. 将工具坐标系的名称更改为 Toolpolish 4. 通过 6 点法示教创建工具坐标系	每个点的姿态尽量相差要大
创建工具坐标系（偏移）	1. 通过示教器进行工具坐标系创建 2. 在手动操纵界面新建工具坐标系 3. 将工具坐标系的名称更改为 Toolpolish	质量不能为负值
创建工件坐标系	1. 过示教器创建工件坐标系 2. 在手动操纵界面新建工具坐标系 3. 将工件坐标系的名称更改为 WObj_polish 4. 通过 3 点法示教工件坐标系 5. 根据图片示例方向建立 X、Y 方向	X 和 Y 的方向不能建反

考核评价

建立打磨工位坐标系——考核评价表

班级_____　姓名_____　日期_____　成绩_____

序号	教学环节	参与情况	考核内容	教学评价	
				自我评价	教师评价
1	明确任务	参　与【　】 未参与【　】	领会任务意图		
			掌握任务内容		
			明确任务要求		
2	搜集信息	参　与【　】 未参与【　】	研读学习资料		
			搜集数据信息		
			整理知识要点		
3	填写工作页	参　与【　】 未参与【　】	明确工作步骤		
			完成工作任务		
			填写工作内容		
4	展示成果	参　与【　】 未参与【　】	聆听成果分享		
			参与成果展示		
			提出修改建议		
5	整理笔记	参　与【　】 未参与【　】	聆听任务解析		
			整理解析内容		
			完成学习笔记		
6	完善工作页	参　与【　】 未参与【　】	自查工作任务		
			更正错误信息		
			完善工作内容		
备注	请在教学评价栏目中填写：A、B 或 C　　其中，A—能，B—勉强能，C—不能				

学生心得

教师寄语

知识链接

学生在使用画笔工装进行绘图时，为了能够正确地进行编程，需要对画笔工装这个工具建立坐标系。

一、坐标系定义

坐标系从一个称为原点的固定点通过定义平面或空间。机器人目标和位置通过沿坐标系轴的测量来定位，机器人使用若干坐标系，每一坐标系都适用于特定类型的微动控制或编程。

1. 基坐标系

基坐标系位于机器人基座。它是最便于机器人从一个位置移动到另一个位置的坐标系。基坐标系在机器人基座中有相应的零点，这使固定安装的机器人的移动具有可预测性。因此，它对于将机器人从一个位置移动到另一个位置很有帮助。对机器人编程来说，其他如工件坐标系等坐标系通常是最佳选择。

在正常配置的机器人系统中，当站在机器人的前方并在基坐标系中微动控制，将控制杆拉向自己一方时，机器人将沿 X 轴移动；向两侧移动控制杆时，机器人将沿 Y 轴移动。扭动控制杆，机器人将沿 Z 轴移动，如图 3.5 所示。

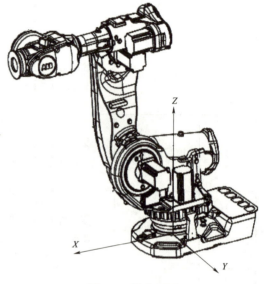

图 3.5 基坐标系

2. 大地坐标系

大地坐标系可定义机器人单元，所有其他的坐标系均与大地坐标系直接或间接相关。它适用于微动控制、一般移动及处理具有若干机器人或外轴移动机器人的工作站和工作单元。大地坐标系在工作单元或工作站中的固定位置有其相应的零点，这有助于处理若干个机器人或由外轴移动的机器人。在默认情况下，大地坐标系与基坐标系是一致的。大地坐标系说明见表 3.1，大地坐标系如图 3.6 所示。

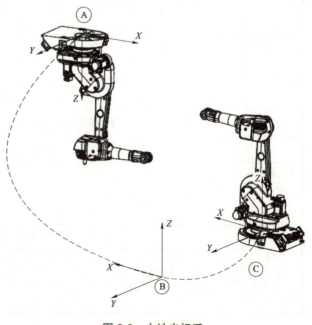

图 3.6 大地坐标系

表 3.1 大地坐标系说明

标号	注释
A	机器人 1 基坐标系
B	大地坐标系
C	机器人 2 基坐标系

3. 工件坐标系

工件坐标系与工件相关，通常是最适于对机器人进行编程的坐标系。它定义工件相对于大地坐标系（或其他坐标系）的位置。

工件坐标系必须定义两个框架：用户框架（与大地基座相关）和工件框架（与用户框架相关）。机器人可以拥有若干工件坐标系，或者表示不同工件，或者表示同一工件在不同位置的若干副本。对机器人进行编程时，就是在工件坐标系中创建目标和路径。这带来很多优点：重新定位工作站中的工件时，只需更改工件坐标系的位置，所有路径将即刻随之更新，允许操作传送带或导轨输送的工件，因为整个工件可连同其路径一起移动。工件坐标系说明见表 3.2，工件坐标系如图 3.7 所示。

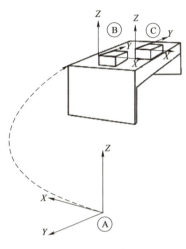

图 3.7 工件坐标系

表 3.2 工件坐标系说明

标号	注释
A	大地坐标系
B	工件坐标系 1
C	工件坐标系 2

4. 工具坐标系

工具坐标系定义机器人到达预设目标时所使用工具的位置。工具坐标系将工具中心点设为零位，它会由此定义工具的位置和方向。工具坐标系经常被缩写为 TCPF（Tool Center Point Frame），而工具坐标系中心缩写为 TCP（Tool Center Point）。

执行程序时，机器人就是将 TCP 移至编程位置。这意味着，如果要更改工具（以及工具坐标系），机器人的移动将随之更改，以便新的 TCP 到达目标。所有机器人在手腕处都有一个预定义工具坐标系，该坐标系被称为 tool0，这样就能将一个或多个新工具坐标系定义为 tool0 的偏移值。微动控制机器人时，如果不想在移动时改变工具方向（例如移动锯条时不使其弯曲），工具坐标系就显得非常有用。工具坐标系如图 3.8 所示。

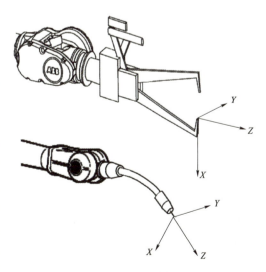

图 3.8 工具坐标系

5. 用户坐标系

用户坐标系在表示持有其他坐标系的设备（如工件）时非常有用。用户坐标系可用于表示固定装置、工作台等设备。这就在相关坐标系链中提供了一个备用坐标系，有助于处理持有工件或其他坐标系的设备。用户坐标系说明见表3.3，用户坐标系如图3.9所示。

表3.3 用户坐标系

标号	注释
A	用户坐标系
B	大地坐标系
C	工件坐标系
D	移动用户坐标系
E	工件坐标系，与用户坐标系一同移动

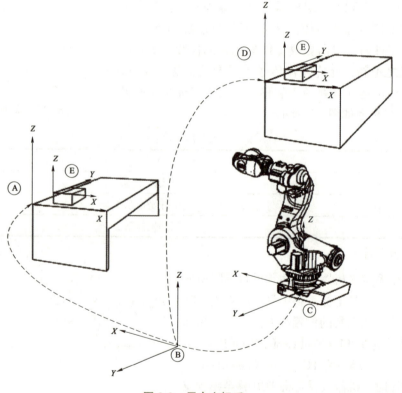

图3.9 用户坐标系

二、建立工业机器人打磨工装工具坐标系（6点法）

工业机器人通过气动夹爪夹紧打磨工装，创建打磨工装的工具坐标系。新建工具坐标为toolPen1。工业机器人打磨工装工具坐标系的建立步骤如下所示。

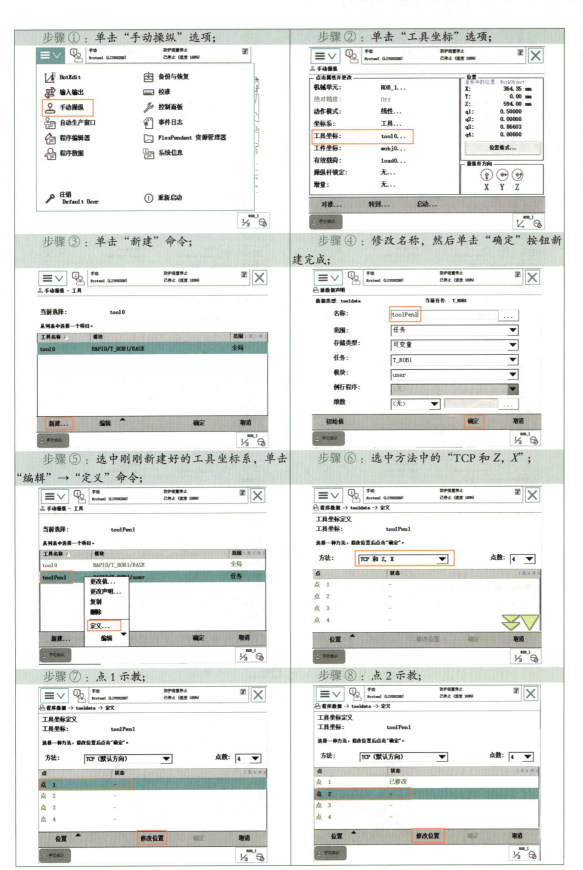

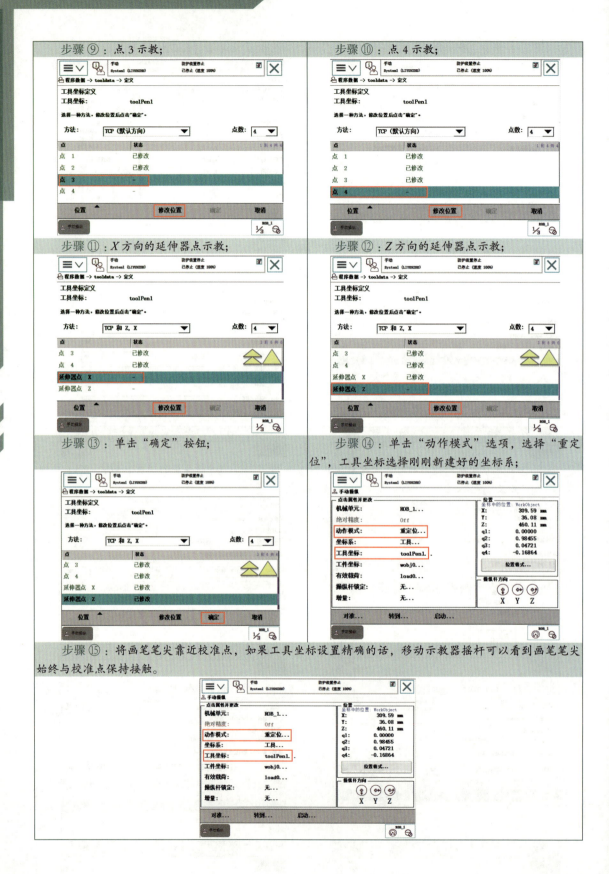

当画笔工具的中心点在默认 tool0 的 Z 正方向偏移 200 mm 时，可以直接设置工具坐标系。新建工具坐标为 ToolPen。工业机器人打磨工装工具坐标系建立过程如下所示。

三、建立打磨工位工件坐标系

打磨工位工件坐标系建立步骤如下所示。

步骤③：更改名称，单击"确定"按钮更改完成；

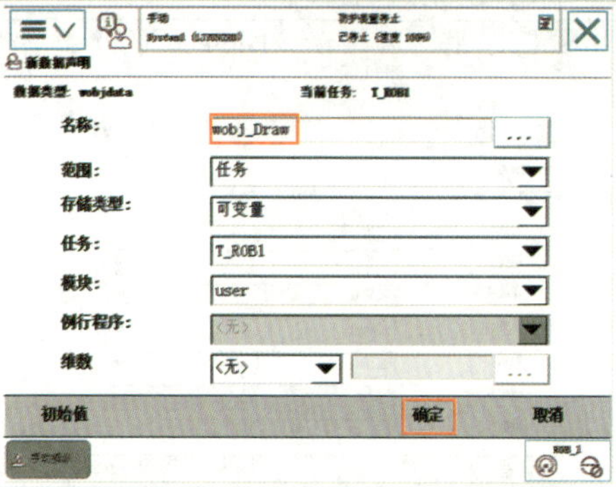

步骤④：选择刚刚新建好的工件坐标系，单击"编辑"命令，选择"定义"；

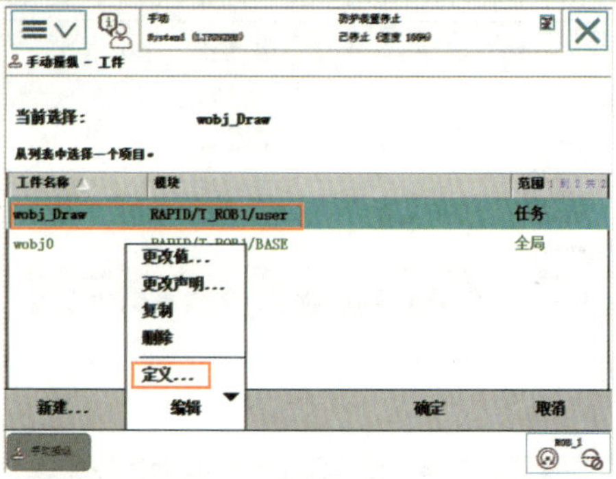

步骤⑤：在用户方法中选择"3点"。示教第一点，第一点为X方向的起点；

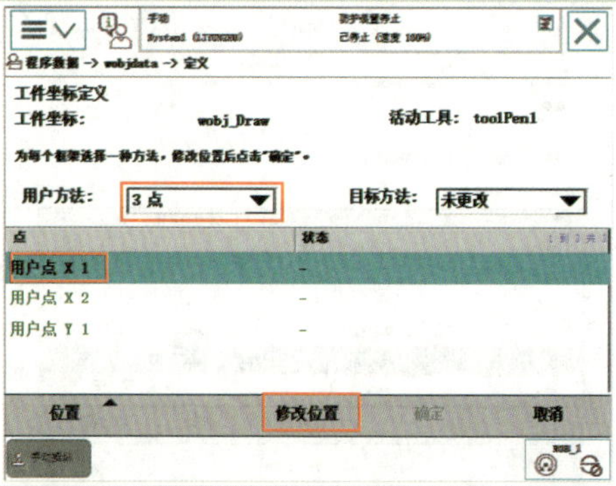

步骤⑥：示教第二点为X方向正方向的延伸点；

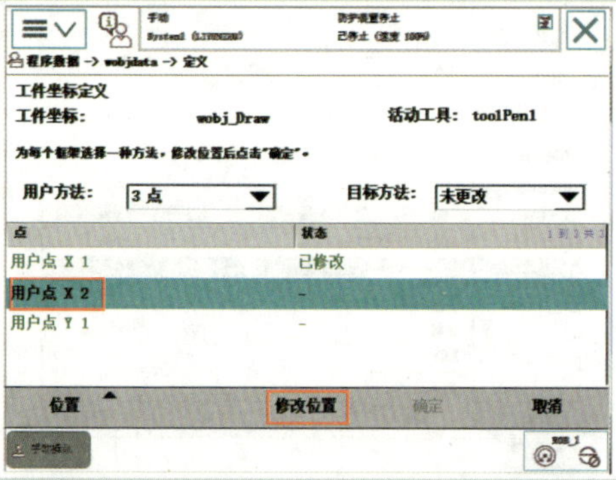

步骤⑤：示教第三点为Y方向正方向的延伸点；

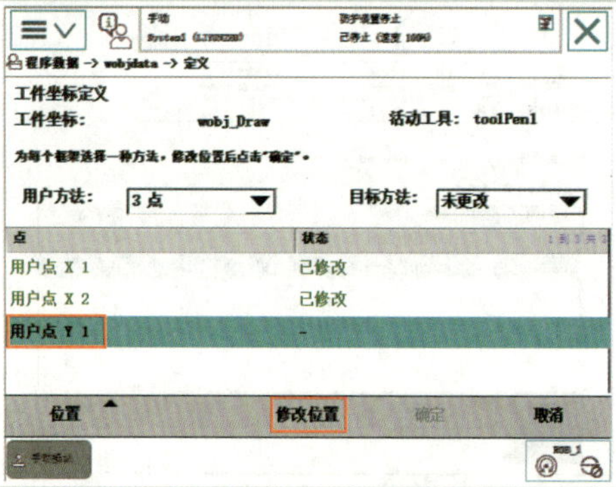

步骤⑥：单击"确定"按钮更改完成；

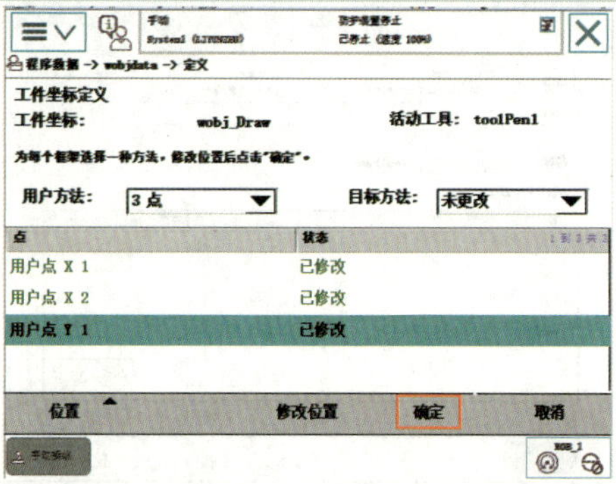

步骤⑦：查看坐标系有没有切换过去。

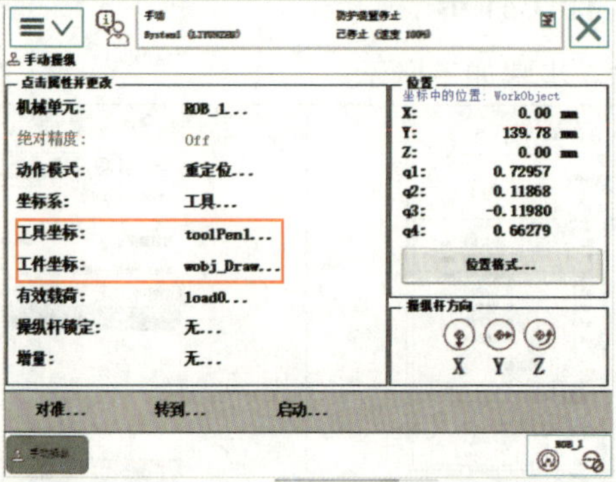

任务3　编写打磨工位程序

任务描述

结合 NGT-RA6B 模块化工业机器人应用教学系统，建立打磨工位坐标系，利用 RAPID 语言建立程序模块，运用机器人运动指令、I/O 控制指令及信号分配表，编写打磨工位程序。机器人抓取打磨工装后，将其移至打磨工位，进行打磨动作，打磨完成，将打磨工装放回，机器人回到初始装态。

实施流程

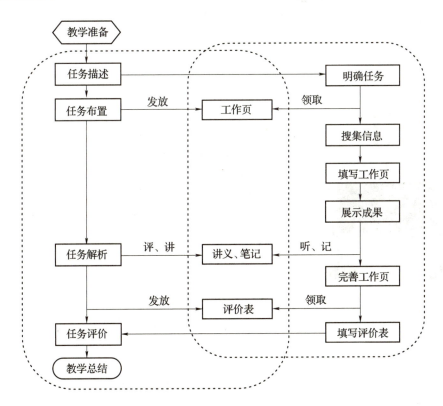

教学准备

一、材料准备：教材、工作页、多媒体课件

二、设备准备：NGT-RA6B 模块化工业机器人应用教学系统

工作步骤

编写打磨工位程序——工作页 9

班级_____ 姓名_____ 日期_____ 成绩_____

工作步骤	工作内容	注意事项
机器人抓取打磨工装	机器人快速移动至打磨工装上方，慢速精确抓取打磨工装	机器人完全抓取工装时再离开，速度有快慢之分，机器人打磨要流畅
机器人抓取打磨工装，将其移动至打磨工位，进行打磨动作	1. 机器人慢速离开工装库，快速移动至打磨工装上方，慢速将打磨电动机与打磨工装的把手接触。 2. 沿着打磨工装把手的外边进行打磨动作	
打磨完成，机器人回原位	打磨动作结束，机器人将打磨工装放回原位，机器人回到初始状态	

考核评价

编写打磨工位程序——考核评价表

班级＿＿＿＿＿＿　　姓名＿＿＿＿＿＿　　日期＿＿＿＿＿＿　　成绩＿＿＿＿＿＿

序号	教学环节	参与情况	考核内容	教学评价	
				自我评价	教师评价
1	明确任务	参　与【　】 未参与【　】	领会任务意图		
			掌握任务内容		
			明确任务要求		
2	搜集信息	参　与【　】 未参与【　】	研读学习资料		
			搜集数据信息		
			整理知识要点		
3	填写工作页	参　与【　】 未参与【　】	明确工作步骤		
			完成工作任务		
			填写工作内容		
4	展示成果	参　与【　】 未参与【　】	聆听成果分享		
			参与成果展示		
			提出修改建议		
5	整理笔记	参　与【　】 未参与【　】	聆听任务解析		
			整理解析内容		
			完成学习笔记		
6	完善工作页	参　与【　】 未参与【　】	自查工作任务		
			更正错误信息		
			完善工作内容		
备注	请在教学评价栏目中填写：A、B 或 C　　其中，A—能，B—勉强能，C—不能				
学生心得					
教师寄语					

知识链接

一、RAPID 语言

RAPID 语言是一种基于计算机的高级编程语言，易学易用，灵活性强，支持二次开发；程序中包含了一连串控制机器人的指令，执行这些指令可以实现对机器人的控制操作。

二、建立 RAPID 程序

利用机器人示教器建立程序模块的步骤如下所示。

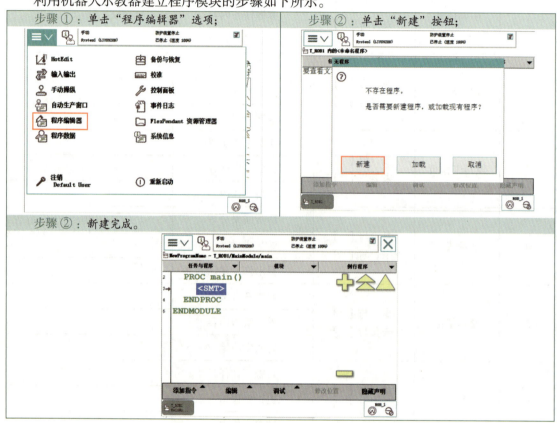

三、需要用到的 RAPID 指令

1. 机器人运动指令

机器人在空间中运动主要有绝对位置运动（MoveAbsJ）、关节运动（MoveJ）、线性运动（MoveL）和圆弧运动（MoveC）4 种方式。

（1）绝对位置运动指令

绝对位置运动指令是机器人的运动使用 6 个轴和外轴的角度来定义目标位置数据。具体操作方法如下所示。

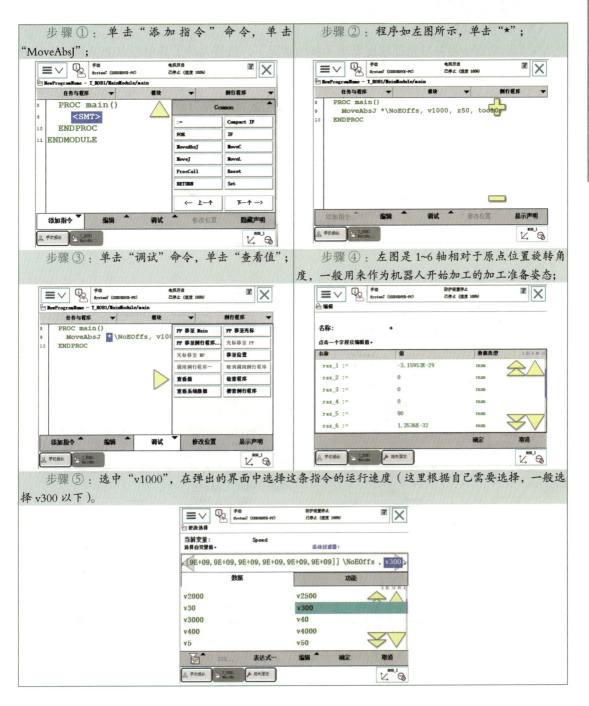

绝对位置运动指令参数含义见表3.4。

表3.4 绝对位置运动指令参数含义

参数	含义	参数	含义
*	目标点位置数据	z50	转弯区数据
\NoEOffs	外轴不带偏移数据	tool1	工具坐标数据
v1000	运动速度数据 1 000 mm/s	WObj1	工件坐标数据

（2）关节运动指令

关节运动指令是在对路径精度要求不高的情况下，机器人的工具中心点 TCP 从一个位置移动到另一个位置。关节运动轨迹如图 3.10 所示。

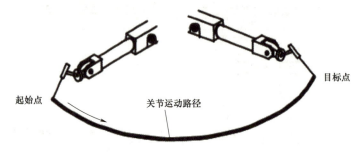

图 3.10　关节运动轨迹

关节运动指令使用方法如下所示。

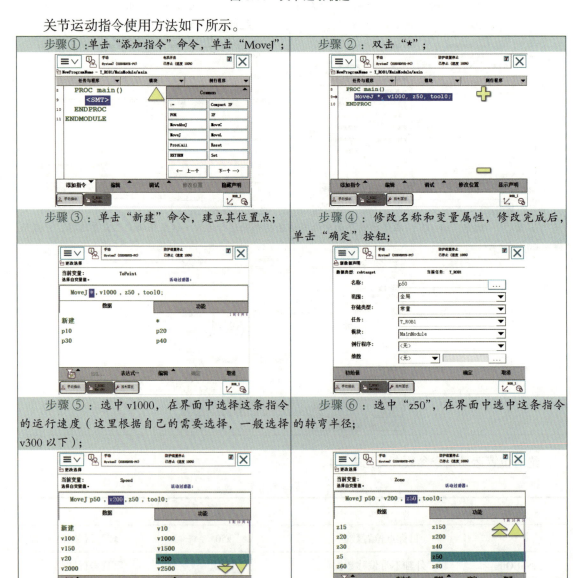

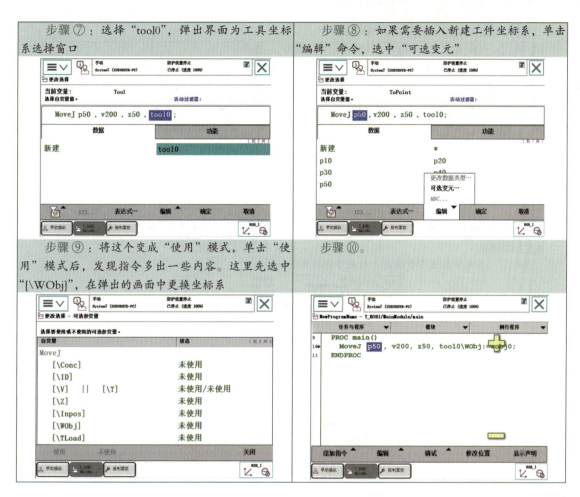

关节运动指令参数含义见表 3.5。

表 3.5 关节运动指令参数含义

参数	含义	参数	含义
*	目标点位置数据	tool1	工具坐标数据
v1000	运动速度数据 1 000 mm/s	WObj1	工件坐标数据
z50	转弯区数据		

（3）线性运动指令

线性运动指令使机器人的 TCP 从起点到终点之间的路径保持为直线。机器人运动状态可控，运动路径保持唯一，可以出现奇异点。线性运动路径如图 3.6 所示。

图 3.11 线性运动轨迹

线性运动指令使用方法如下所示。

步骤①：单击"添加指令"命令，单击"MoveL"；

步骤②；

步骤③：其他参数设置步骤与上面关节运动指令一样。

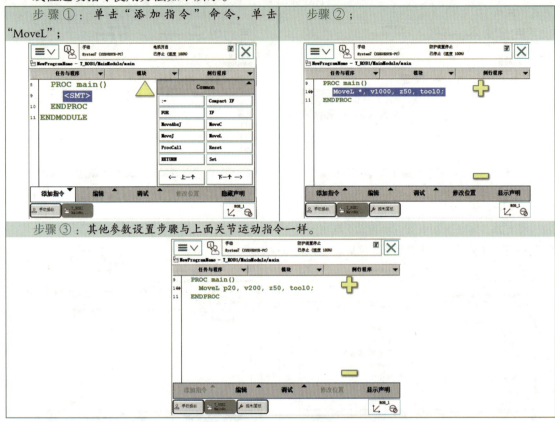

表 3.6　线性运动指令使用方法

序号	图片示例	操作步骤
1		
2		
3		

线性运动指令参数含义见表 3.7。

表 3.7　线性运动指令参数含义

参数	含义	参数	含义
*	目标点位置数据	tool1	工具坐标数据
v1000	运动速度数据 1 000 mm/s	WObj1	工件坐标数据
z50	转弯区数据		

（4）圆弧运动指令

圆弧运动指令在机器人可到达的空间范围内定义 3 个位置点，第一个点是圆弧起点，第二个点是圆弧上任意点，用于确定该圆弧的曲率，第三个点是圆弧的终点。圆弧运动路径如

图 3.12 所示。

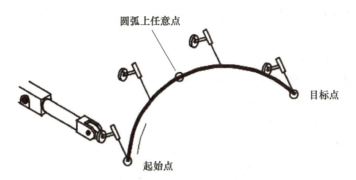

图 3.12　圆弧运动指令示意图

圆弧运动指令使用方法如下所示。

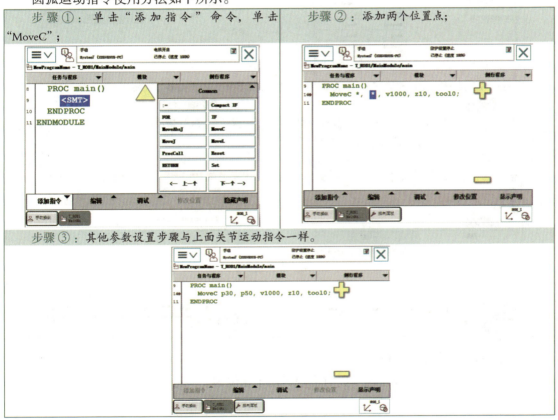

圆弧运动指令参数含义见表 3.8。

表 3.8　圆弧运动参数含义

参数	含义	参数	含义
*	圆弧曲率点位置数据	z50	转弯区数据
*	圆弧终点位置数据	tool1	工具坐标数据
v1000	运动速度数据 1 000 mm/s	WObj1	工件坐标数据

2. I/O 控制指令

I/O 控制指令用于控制 I/O 信号，以达到与机器人周边设备进行通信的目的。下面介绍常用 I/O 控制指令。

（1）SET 数字信号置位指令

如果在 SET、RESET 指令前有运动指令 MoveJ、MoveL、MoveC、MoveAbsJ 的转弯区数据，必须使用 Fine 才可以准确地输出 I/O 信号状态的变化。

SET 数字信号置位指令使用说明如下所示。

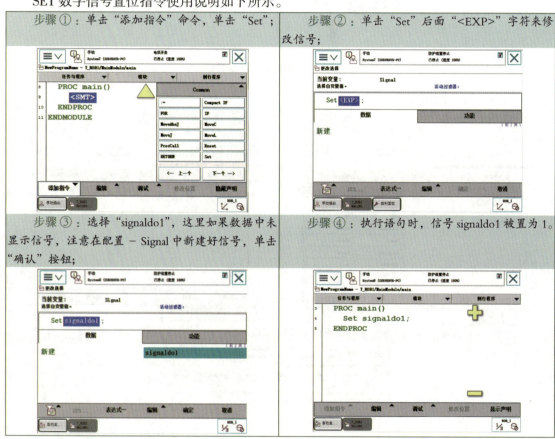

（2）RESET 数字信号复位指令

RESET 复位指令常与 SET 指令同时出现，用于复位 SET 指令置位的信号，具体操作说明如下所示。

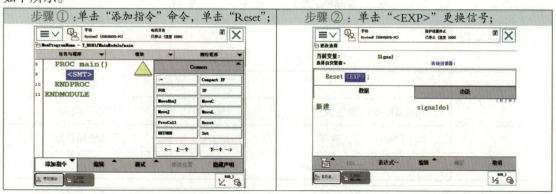

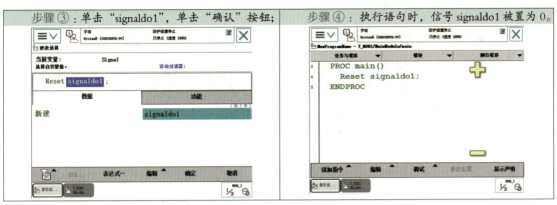

(3) WaitTime 时间等待指令

WaitTime 指令用于程序等待一段时间之后，再往下运行指令，具体操作说明如下所示。

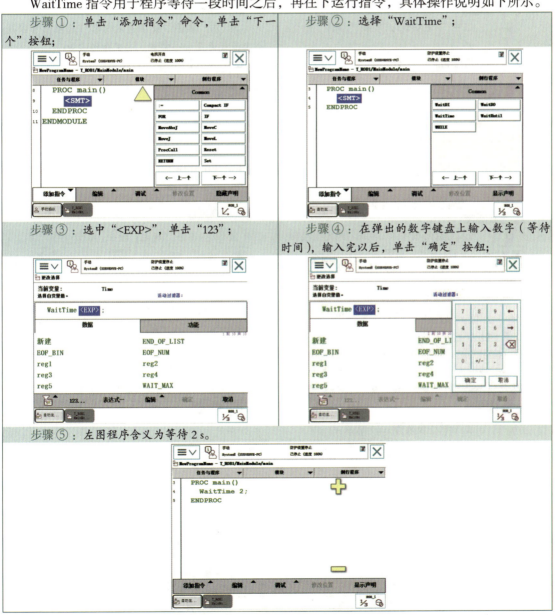

(4) 赋值指令

":="赋值指令用于对程序数据进行赋值,具体操作说明如下所示。

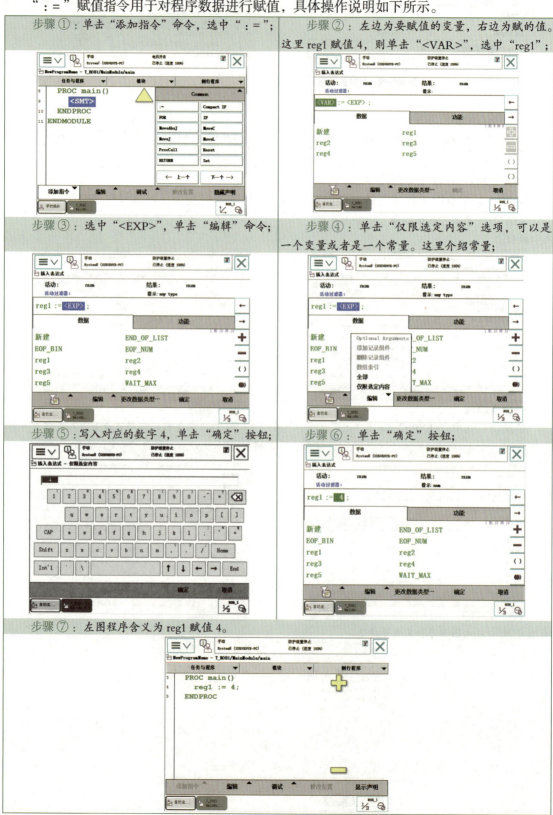

步骤①:单击"添加指令"命令,选中":=";

步骤②:左边为要赋值的变量,右边为赋的值。这里 reg1 赋值 4,则单击"<VAR>",选中"reg1";

步骤③:选中"<EXP>",单击"编辑"命令;

步骤④:单击"仅限选定内容"选项,可以是一个变量或者是一个常量。这里介绍常量;

步骤⑤:写入对应的数字 4,单击"确定"按钮;

步骤⑥:单击"确定"按钮;

步骤⑦:左图程序含义为 reg1 赋值 4。

使用赋值命令可以有效地减少示教点位的数量,提高编程和程序执行的效率。

(5) Offs 偏移指令

Offs 的作用是将相应的点在工件坐标方向进行偏移,最后将偏移后的点的数据返回。具体使用说明如下所示。

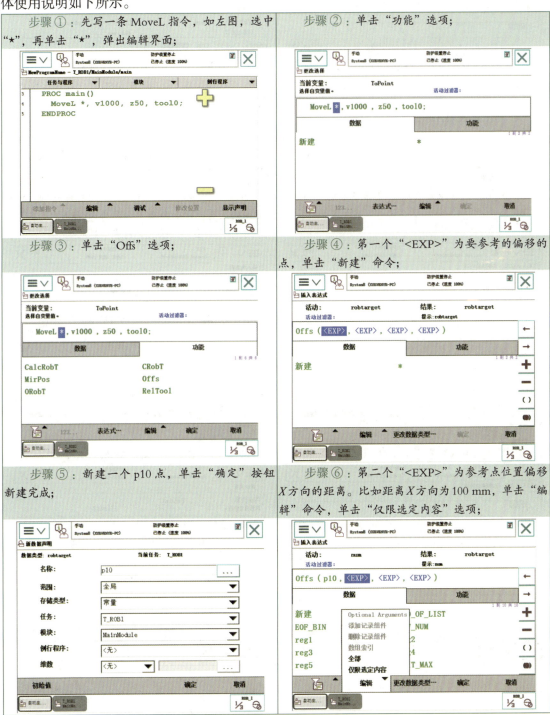

步骤⑦：写入距离"100"，单击"确定"按钮；

步骤⑧：第三个"<EXP>"为参考点位置偏移 Y 方向的距离。比如距离 Y 方向为 90 mm，单击"编辑"命令，单击"仅限选定内容"选项；

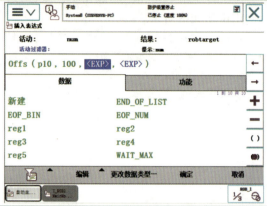

步骤⑨：写入距离"90"，单击"确定"按钮；

步骤⑩：第四个"<EXP>"为参考点位置偏移 Z 方向的距离。比如距离 Y 方向为 80 mm，单击"编辑"命令，单击"仅限选定内容"选项；

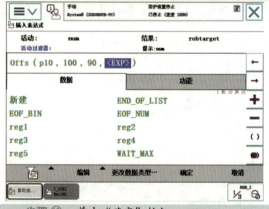

步骤⑪：写入距离"80"，单击"确定"按钮；

步骤⑫：单击"确定"按钮；

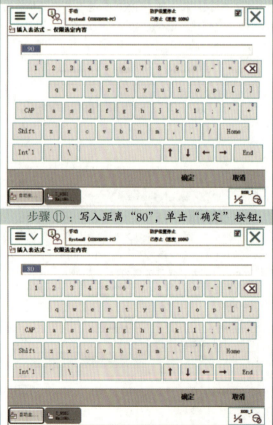

步骤⑬：样例说明：

图中程序含义为运动到距离 p10 点 X 方向 100 mm、Y 方向 90 mm、Z 方向 80 mm 的位置。

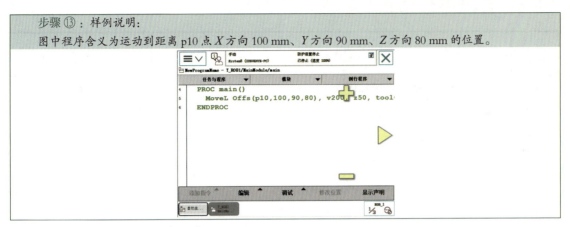

3. 机器人与 PLC I/O 信号分配

机器人的外部 I/O 信号与 PLC 的 I/O 信号进行连接，机器人的输出信号为 PLC 的输入信号，机器人的输入信号为 PLC 的输出信号。具体分配见表 3.9。

表 3.9 I/O 信号分配

机器人输出信号	信号名称
DO10_2	夹爪夹紧
DO10_3	夹爪松开
DO10_5	打磨电动机启动

例：本程序为打磨实验参考程序，见表 3.10。

表 3.10 打磨实验参考程序

程序行数	程序内容	程序注释
	PROC rPolish()	程序名
1	MoveAbsJ[[0,0,0,0,90,0],[9E + 09,9E + 09,9E + 09,9E + 09,9E + 09,9E + 09]]\NoEOffs,v200,z50,tool0;	机器人初始位置
2	MoveJ Offs(p1,0,0,200),v200,z100,tool0;	机器人前往夹取位置
3	MoveL Offs(p1,0,0,60),v150,z1,tool0;	
4	MoveL p1,v20,fine,tool0;	
5	Set DO10_2;	夹爪夹紧
6	WaitTime 0.5;	
7	Reset DO10_2;	
8	MoveL Offs(p1,0,0,70),v20,z100,tool0;	离开打磨工装
9	MoveL Offs(p1,0,0,250),v100,z100,tool0;	

续表

程序行数	程序内容	程序注释
10	MoveJ Offs(p2,5,0,40),v100,z100,tool0;	移动到打磨工位处第一点
11	MoveJ p2,v20,z1,tool0;	
12	Set DO10_5;	打磨电动机启动
13	WaitTime 0.1;	等待 0.1 s
14	MoveC p3,p4,v20,z1,tool0\WObj:=Polish_wobj;	打磨门把手周围一圈
15	MoveC p5,p6,v20,z1,tool0\WObj:=Polish_wobj;	
16	MoveC p7,p8,v20,z1,tool0\WObj:=Polish_wobj;	
17	MoveC p9,p10,v20,z1,tool0\WObj:=Polish_wobj;	
18	MoveC p11,p12,v20,z1,tool0\WObj:=Polish_wobj;	
19	MoveJ p13,v20,z1,tool0\WObj:=Polish_wobj;	机器人移动到打磨工位上方
20	MoveJ p14,v20,z1,tool0\WObj:=Polish_wobj;	
21	MoveJ p15,v20,z1,tool0\WObj:=Polish_wobj;	机器人打磨门把手上方
22	MoveJ p16,v20,z1,tool0\WObj:=Polish_wobj;	
23	MoveC p17,p18,v20,z1,tool0\WObj:=Polish_wobj;	
24	MoveJ p19,v20,z10,tool0\WObj:=Polish_wobj;	
25	MoveJ Offs(p19,0,0,30),v200,z10,tool0\WObj:=Polish_wobj;	离开打磨工位
26	WaitTime 1;	
27	Reset DO10_5;	打磨电动机停止
28	MoveJ Offs(p1,0,0,200),v200,z100,tool0;	移动到打磨工装处
29	MoveL Offs(p1,0,0,80),v100,z1,tool0;	
30	MoveL Offs(p1,0,0,0),v20,fine,tool0;	
31	Set DO10_3;	夹爪松开
32	WaitTime 0.5;	
33	Reset DO10_3;	
34	MoveL Offs(p1,0,0,200),v100,z1,tool0;	离开打磨工装处
35	MoveAbsJ[[0,0,0,0,90,0],[9E+09,9E+09,9E+09,9E+09,9E+09,9E+09]]\NoEOffs,v200,z50,tool0;ENDPROC	回到初始位置

任务 4　调试打磨工位

任务描述

结合 NGT-RA6B 模块化工业机器人应用教学系统，完成打磨工位手动调试和自动调试。

实施流程

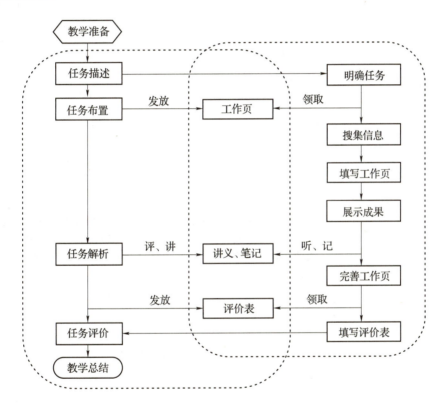

教学准备

一、材料准备：教材、工作页、多媒体课件

二、设备准备：NGT – RA6B 模块化工业机器人应用教学系统

工作步骤

调试打磨工位——工作页 10

班级_____ 姓名_____ 日期_____ 成绩_____

工作步骤	工作内容	注意事项
手动调试	1. 将控制器切换至手动状态 2. 手按住使能按钮并保持 3. 将指针移至主程序 4. 进行单步调试 5. 进行自动调试	出现紧急情况，手立即松开使能按钮，机器人会自动停止
自动调试	1. 将控制器切换至自动状态 2. 启动马达使能 3. 进行自动运行	注意编写运动指令时速度不要超过 250 mm/s，出现紧急情况时，立即按下示教器的急停按钮
观察运行现象	1. 观察运行现象 2. 在动作不连贯处，更改程序参数，使机器人动作流畅 3. 多次运行，观察机器人运行有无异常	修改参数时，需在手动模式下调试，并且更改完后重新按照手动调试和自动调试走完

考核评价

调试打磨工位——考核评价表

班级_____ 姓名_____ 日期_____ 成绩_____

序号	教学环节	参与情况	考核内容	教学评价	
				自我评价	教师评价
1	明确任务	参 与【 】 未参与【 】	领会任务意图		
			掌握任务内容		
			明确任务要求		
2	搜集信息	参 与【 】 未参与【 】	研读学习资料		
			搜集数据信息		
			整理知识要点		
3	填写工作页	参 与【 】 未参与【 】	明确工作步骤		
			完成工作任务		
			填写工作内容		
4	展示成果	参 与【 】 未参与【 】	聆听成果分享		
			参与成果展示		
			提出修改建议		
5	整理笔记	参 与【 】 未参与【 】	聆听任务解析		
			整理解析内容		
			完成学习笔记		
6	完善工作页	参 与【 】 未参与【 】	自查工作任务		
			更正错误信息		
			完善工作内容		
备注	请在教学评价栏目中填写：A、B 或 C　　其中，A—能，B—勉强能，C—不能				
学生心得						
教师寄语						

知识链接

一、手动调试

当完成了程序编辑以后，需要对程序进行调试，验证机器人走的路径点是否符合要求，如果不符合，要及时修正。手动调试步骤如下所示。

步骤①：将左图右上角钥匙开关打到手动状态，直到示教器的状态显示栏显示手动状态，手动测试传送带上的传感器是否有作用；

步骤②：查看示教器状态栏为手动状态；

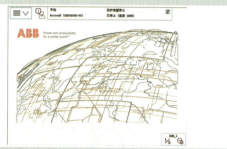

步骤③：单击"程序编辑器"选项；

步骤④：单击"调试"命令，单击"PP移至Main"选项；

步骤⑤：指针移动到主程序第一行；

步骤⑥：按住使能按钮；

步骤⑦：单击"单步运行"按钮，逐行执行程序；

步骤⑧：在单步运行程序结束后，确认程序轨迹运行无误后，同样将指针打到主程序第一行，然后直接单击"连续运行"按钮，连续运行。

二、自动调试

在手动状态下,确认机器人能抓取出工装并能绘出正方形和圆形,最后能把工装再放回工装库中,然后将机器人的速度减慢,确认没有问题再加速,最好不要超过 250 mm/s。自动操作步骤如下所示。

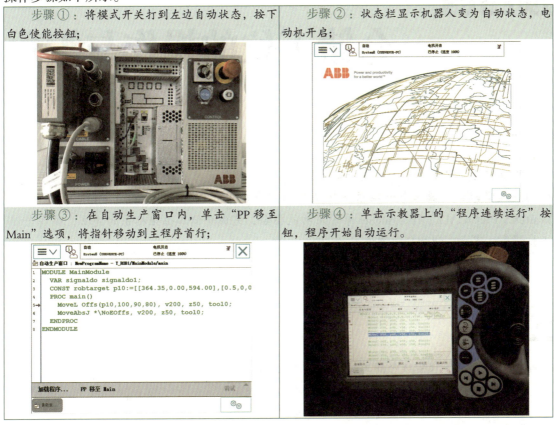

步骤①:将模式开关打到左边自动状态,按下白色使能按钮;

步骤②:状态栏显示机器人变为自动状态,电动机开启;

步骤③:在自动生产窗口内,单击 "PP 移至 Main" 选项,将指针移动到主程序首行;

步骤④:单击示教器上的 "程序连续运行" 按钮,程序开始自动运行。

思考与练习

1. 打磨工位组成部分有哪些?
2. 举例说明打磨工位坐标系的建立过程。
3. 列写打磨工位程序编写的关键语句。
4. 调试打磨工位的注意事项有哪些?
5. 简要编写打磨工位程序。

项目四

仓储工位的操作与编程

项目简介

随着智能化水平的不断提高,仓储机器人作为智慧物流的重要组成部分,顺应了新时代的发展需求,机器人仓储在很多领域得到广泛应用。本项目以仓储工位为载体,学习 WaitDI、PROCALL、IF、AccSet 等常用功能指令,完成仓储工位坐标系的建立,编写仓储工位程序,完成手动和自动调试。

教学目标

- 了解 NGT – RA6B 仓储工位及电气系统组成;
- 掌握 NGT – RA6B 仓储工位坐标系建立方法;
- 掌握 NGT – RA6B 仓储工位程序编写方法;
- 会操作、调试 NGT – RA6B 仓储工位。

任务1　识读仓储工位

任务描述

结合NGT-RA6B模块化工业机器人应用教学系统，识读仓储工位组成，能够准确说出仓储工装、工装夹爪、工装底座及仓储平台。

实施流程

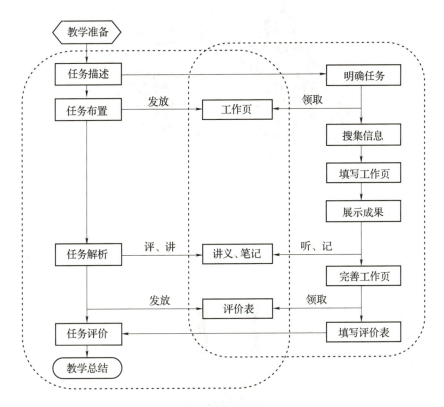

教学准备

一、材料准备：教材、工作页、多媒体课件
二、设备准备：NGT–RA6B模块化工业机器人应用教学系统

工作步骤

识读仓储工位——工作页 11

班级_____ 姓名_____ 日期_____ 成绩_____

1. 标出图中仓储工位中的名称。

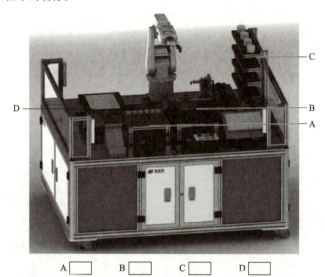

A ☐   B ☐   C ☐   D ☐

请在对应标识处勾选出仓储单元。

2. 请结合上图及下面的提示信息,描述下面各部件的组成。

名称	图片	描述组成
机器人工装	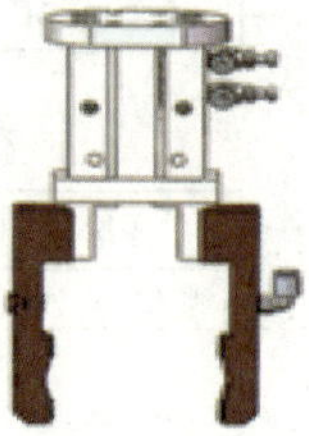	
仓储平台	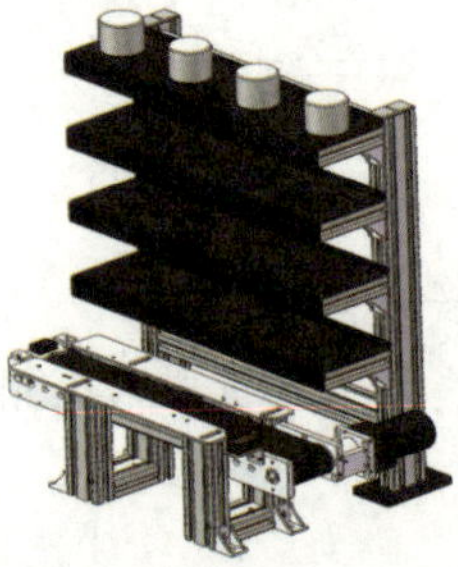	

考核评价

识读仓储工位——考核评价表

班级_____ 姓名_____ 日期_____ 成绩_____

序号	教学环节	参与情况	考核内容	教学评价	
				自我评价	教师评价
1	明确任务	参　与【　】 未参与【　】	领会任务意图		
			掌握任务内容		
			明确任务要求		
2	搜集信息	参　与【　】 未参与【　】	研读学习资料		
			搜集数据信息		
			整理知识要点		
3	填写工作页	参　与【　】 未参与【　】	明确工作步骤		
			完成工作任务		
			填写工作内容		
4	展示成果	参　与【　】 未参与【　】	聆听成果分享		
			参与成果展示		
			提出修改建议		
5	整理笔记	参　与【　】 未参与【　】	聆听任务解析		
			整理解析内容		
			完成学习笔记		
6	完善工作页	参　与【　】 未参与【　】	自查工作任务		
			更正错误信息		
			完善工作内容		
备注	请在教学评价栏目中填写：A、B或C　　其中，A—能，B—勉强能，C—不能				
学生心得					
教师寄语					

知识链接

识读仓储工位

一、机器人工装

工装夹爪安装在机器人上，可以直接抓取其他 3 种工装进行作业，也可以直接抓取方形工件，进行搬运入库工作。工装夹爪如图 4.1 所示，主要由气爪、手指、光线放大器感应头、导电电极、真空气路等组成。工装夹爪在抓取抛光工装和真空吸盘工装时，电路和气路能够自动对接，无须人工辅助。

二、仓储平台

仓储平台如图 4.2 所示，由电动机、传输带、主动轴、张紧轴、工件、工件放置板等组成。工件放置在传输带上，传输带感应到工件后，将工件带到后端，机器人夹起工件，将工件放置在库位上。

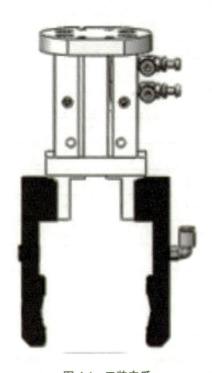

图 4.1 工装夹爪

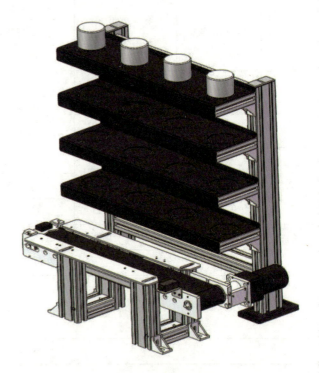

图 4.2 仓储平台

任务 2　建立仓储工位坐标系

任务描述

结合 NGT-RA6B 模块化工业机器人应用教学系统，以仓储工位为切入点，巩固学习坐标系定义及类型，能够利用 6 点法建立仓储工位工具坐标系、工件坐标系。

实施流程

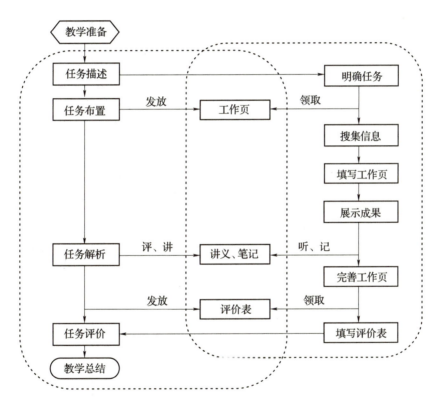

教学准备

一、材料准备：教材、工作页、多媒体课件
二、设备准备：NGT‐RA6B 模块化工业机器人应用教学系统

工作步骤

建立仓储工具坐标系——工作页 12

班级_____ 姓名_____ 日期_____ 成绩_____

工作步骤	工作内容	注意事项
创建工具坐标系（6点法）	1. 通过示教器进行工具坐标系创建 2. 在手动操纵界面新建工具坐标系 3. 将工具坐标系的名称更改为 Toolch 4. 通过6点法示教创建工具坐标系	每个点的姿态尽量相差要大
创建工具坐标系（偏移）	1. 通过示教器进行工具坐标系创建 2. 在手动操纵界面新建工具坐标系 3. 将工具坐标系的名称更改为 Toolch	质量不能为负值
创建工件坐标系	1. 通过示教器创建工件坐标系 2. 在手动操纵界面新建工具坐标系 3. 将工件坐标系的名称更改为 wobj0 4. 通过3点法示教创建工件坐标系 5. 根据图片示例方向建立 X、Y 方向	X 和 Y 的方向不能建反

考核评价

建立仓储工具坐标系——考核评价表

班级_____ 姓名_____ 日期_____ 成绩_____

序号	教学环节	参与情况	考核内容	教学评价	
				自我评价	教师评价
1	明确任务	参　与【　】 未参与【　】	领会任务意图		
			掌握任务内容		
			明确任务要求		
2	搜集信息	参　与【　】 未参与【　】	研读学习资料		
			搜集数据信息		
			整理知识要点		
3	填写工作页	参　与【　】 未参与【　】	明确工作步骤		
			完成工作任务		
			填写工作内容		
4	展示成果	参　与【　】 未参与【　】	聆听成果分享		
			参与成果展示		
			提出修改建议		
5	整理笔记	参　与【　】 未参与【　】	聆听任务解析		
			整理解析内容		
			完成学习笔记		
6	完善工作页	参　与【　】 未参与【　】	自查工作任务		
			更正错误信息		
			完善工作内容		
备注	请在教学评价栏目中填写：A、B或C　　其中，A—能，B—勉强能，C—不能				
学生心得					
教师寄语					

知识链接

学生在使用仓储实训时，为了能够正确地进行编程，需要对打仓储单元建立工件坐标系。建立仓储工位工件坐标系的步骤如下所示。

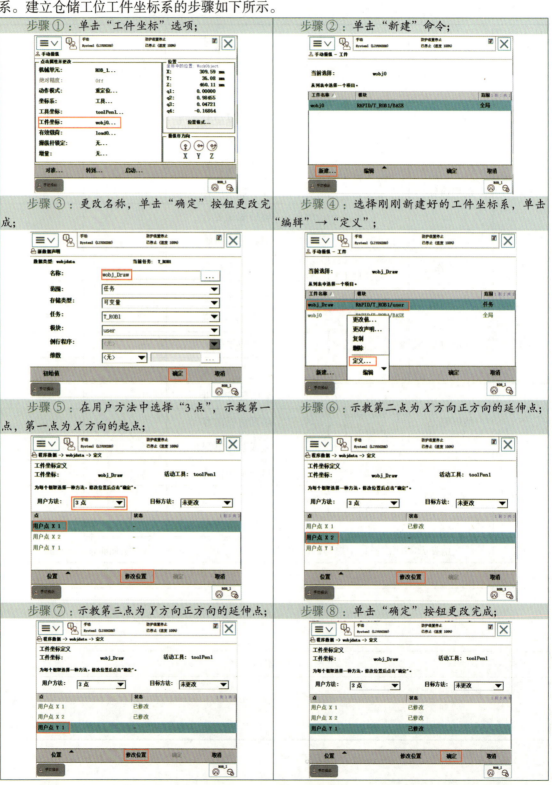

步骤①：单击"工件坐标"选项；

步骤②：单击"新建"命令；

步骤③：更改名称，单击"确定"按钮更改完成；

步骤④：选择刚刚新建好的工件坐标系，单击"编辑"→"定义"；

步骤⑤：在用户方法中选择"3点"，示教第一点，第一点为X方向的起点；

步骤⑥：示教第二点为X方向正方向的延伸点；

步骤⑦：示教第三点为Y方向正方向的延伸点；

步骤⑧：单击"确定"按钮更改完成；

步骤⑨：查看坐标系有没有切换过去。

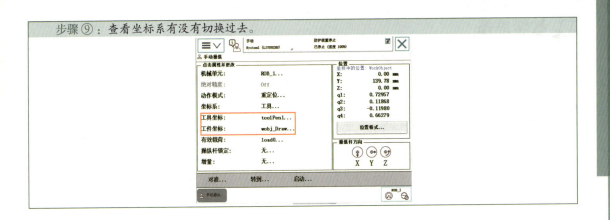

任务3　编写仓储工位程序

任务描述

结合 NGT-RA6B 模块化工业机器人应用教学系统，建立仓储工位坐标系，利用 RAPID 语言建立程序模块，运用 WaitDI 数字信号判定指令、PROCALL 调用子程序指令、IF 逻辑判断指令及 I/O 信号分配表，编写仓储工位程序。

实施流程

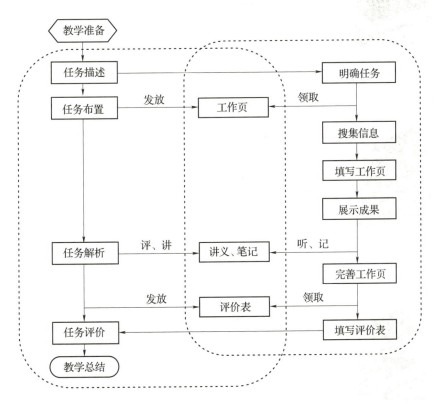

教学准备

一、材料准备：教材、工作页、多媒体课件
二、设备准备：NGT-RA6B 模块化工业机器人应用教学系统

工作步骤

编写仓储工位程序——工作页 13

工作步骤	工作内容	注意事项
放置料在传送带上	将料放置在传送带上，传送带有料传感器，检测到有料后，传送带开始动作	放置时注意放置的位置，有料检测传感器要能够检测到
料到位，机器人进行抓取	传送带启动，将料运输到位，传送带末端的到位传感器检测有信号后，机器人响应对应的到位信号，过来进行抓取	不要有人为干扰到位信号，这样机器人抓取位置会不准确
抓取完成后，机器人将其放置到仓储货架上	抓取完成后，机器人将料放置在货架左上角。放置完成后，机器人回到初始位	
再次放料在传送带上，机器人继续上面步骤	继续放料，机器人依次抓料放料，一共4个，分别放置在仓储库位的左上、左下、右上、右下	

考核评价

编写仓储工位程序——考核评价表

班级_____ 姓名_____ 日期_____ 成绩_____

序号	教学环节	参与情况	考核内容	教学评价	
				自我评价	教师评价
1	明确任务	参 与【 】 未参与【 】	领会任务意图		
			掌握任务内容		
			明确任务要求		
2	搜集信息	参 与【 】 未参与【 】	研读学习资料		
			搜集数据信息		
			整理知识要点		
3	填写工作页	参 与【 】 未参与【 】	明确工作步骤		
			完成工作任务		
			填写工作内容		
4	展示成果	参 与【 】 未参与【 】	聆听成果分享		
			参与成果展示		
			提出修改建议		
5	整理笔记	参 与【 】 未参与【 】	聆听任务解析		
			整理解析内容		
			完成学习笔记		
6	完善工作页	参 与【 】 未参与【 】	自查工作任务		
			更正错误信息		
			完善工作内容		
备注	请在教学评价栏目中填写：A、B 或 C　其中，A—能，B—勉强能，C—不能				
学生心得					
教师寄语					

知识链接

一、常用的功能指令

1. WaitDI 数字信号判定

WaitDI 数字输入信号判断指令用于判断输入信号的值是否与目标一致。具体使用方法如下所示。

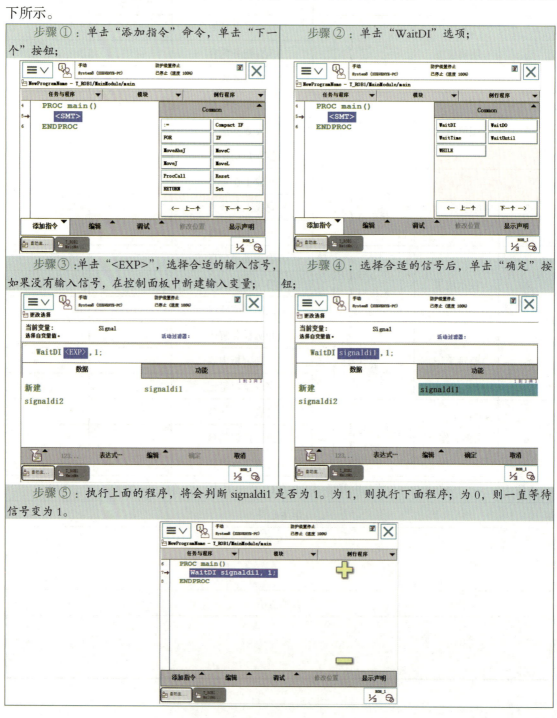

2. PROCALL 调用子程序指令

PROCALL 指令用于主程序窗口调用子程序，具体使用方法如下所示。

步骤①：单击"例行程序"选项；

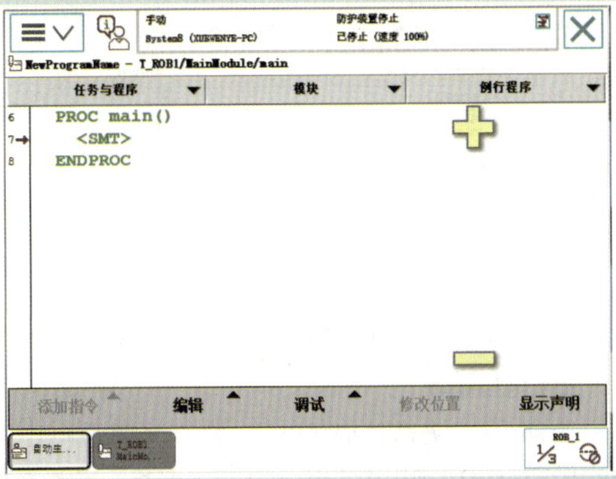

步骤②：单击"文件"命令，单击"新建例行程序"选项；

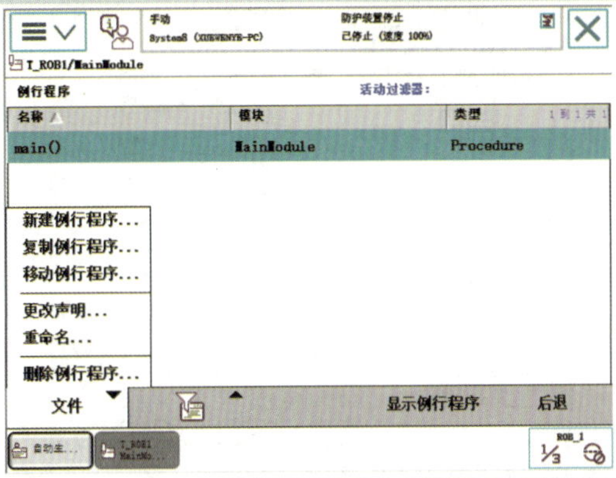

步骤③：在这里设置下例行程序的名称，单击"确定"按钮设置完毕；

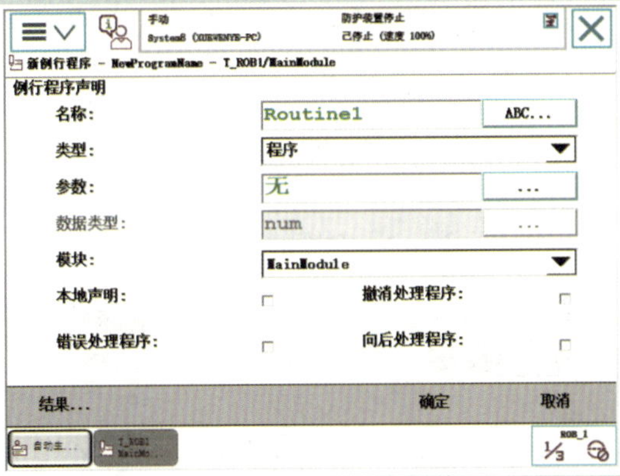

步骤④：回到主程序窗口，单击"添加指令"命令，单击"ProcCall"选项；

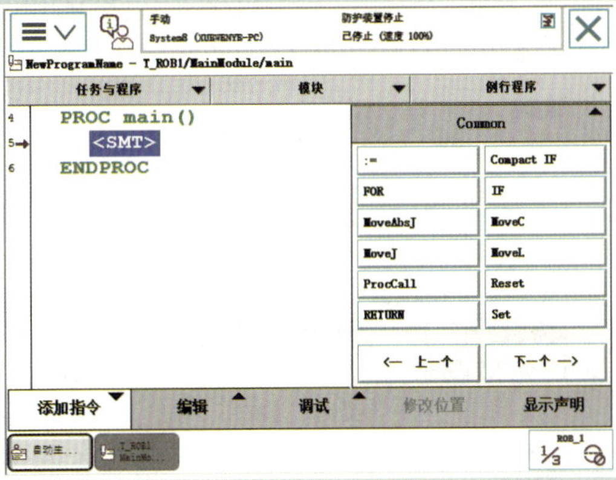

步骤⑤：选择要调用的子程序，比如这里的 Routine1，单击"确定"按钮；

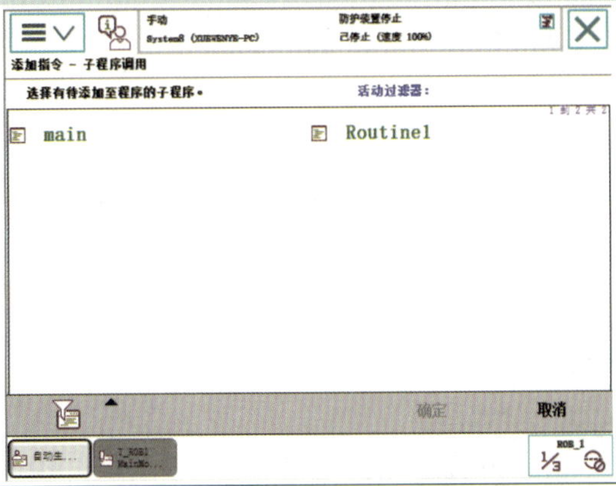

步骤⑥：调用子程序 Routine1。

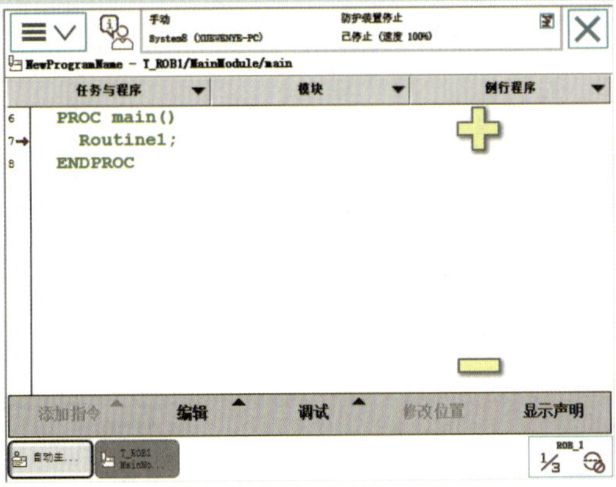

3. IF 逻辑判断指令

判断 IF 后面的条件是否满足,如果满足,则执行里面的程序。具体使用说明如下所示。

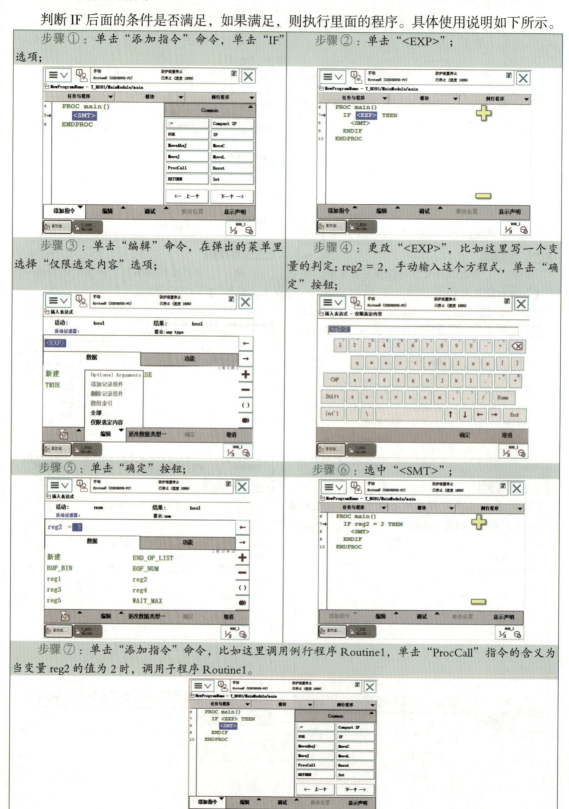

步骤①:单击"添加指令"命令,单击"IF"选项;

步骤②:单击"<EXP>";

步骤③:单击"编辑"命令,在弹出的菜单里选择"仅限选定内容"选项;

步骤④:更改"<EXP>",比如这里写一个变量的判定:reg2 = 2,手动输入这个方程式,单击"确定"按钮;

步骤⑤:单击"确定"按钮;

步骤⑥:选中"<SMT>";

步骤⑦:单击"添加指令"命令,比如这里调用例行程序 Routine1,单击"ProcCall"指令的含义为当变量 reg2 的值为 2 时,调用子程序 Routine1。

4. AccSet 降低加速度指令

主要用于设置加速度降低多少，指令说明见表 4.1。

表 4.1 AccSet 指令说明

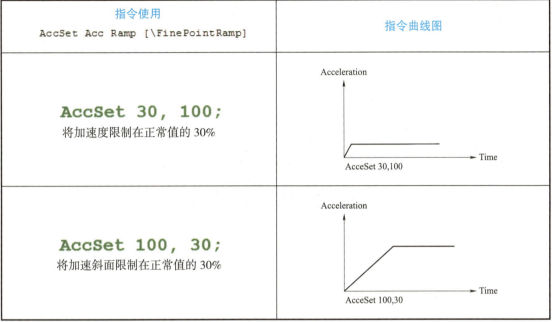

AccSet 降低加速度指令使用说明如下所示。

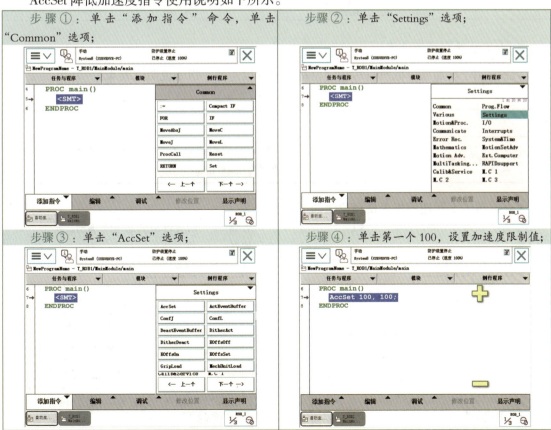

步骤⑤：单击"123…"选项；

步骤⑥：在弹出的数字键盘里输入想要赋的值，比如这里赋 30 的值，修改完，单击"确定"按钮，右边的值按照上述步骤更改；

步骤⑦：将加速度限制在正常值的 30%。加速度斜面限制在正常值 100%。

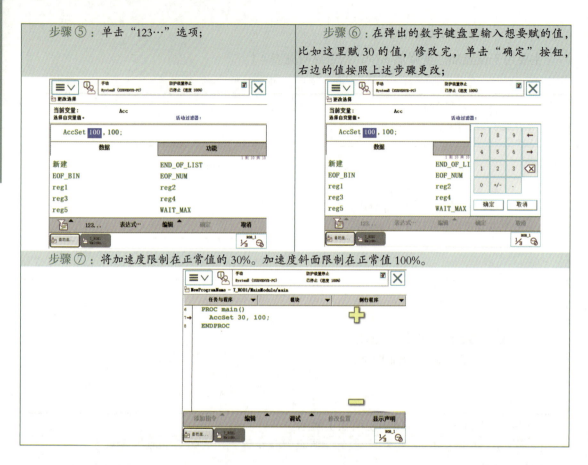

5. VelSet 改变编程速率

VelSet 用于增加或降低所有后续定位指令的编程速率。指令说明见表 4.2。

表 4.2　VelSet 指令说明

指令示例	指令解释
VelSet 50, 5000;	所有的编程速率降至中值 50%，机器人 TCP 最大速度为 5 000 mm/s

VelSet 改变编程速率指令使用说明如下所示。

步骤①：单击"添加指令"命令；

步骤②：切换到 Settings 指令界面，单击"下一个"按钮；

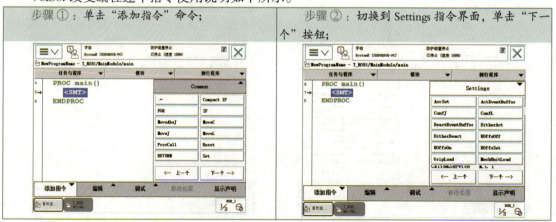

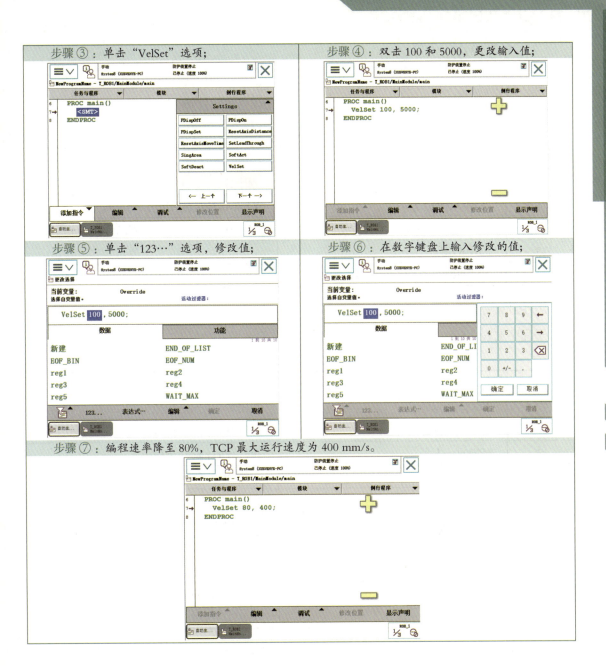

二、I/O 信号分配表

机器人的外部 I/O 信号与 PLC 的 I/O 信号进行连接，机器人的输出信号为 PLC 的输入信号，机器人的输入信号为 PLC 的输出信号。机器人与 PLC I/O 信号分配情况见表 4.3。

表 4.3 机器人 I/O 表

机器人输出信号	信号名称	机器人输入信号	信号名称
DO10_2	夹爪夹紧	DI10_8	仓储单元启动
DO10_3	夹爪松开	DI10_4	物料到位信号

105

三、参考程序

1. 主程序

主程序见表 4.4。

表 4.4 主程序对照表

程序行数	程序内容	程序注释
	PROC main()	程序名
1	WHILE TRUE DO	While 循环执行语句
2	IF DI10_8 = 1 rPallet;	如果 DI10_8 信号为 1，则执行 rPallet 子程序
3	ENDWHILE	
	ENDPROC	

2. rPallet 子程序

子程序见表 4.5。

表 4.5 子程序对照表

程序行数	程序内容	程序注释
	PROC rPallet()	程序名
1	WaitDI DI10_4,1;	等待 DI10_4 信号为 1
2	rPickplace1;	执行 rPickplace1 子程序
3	WaitDI DI10_4,1;	等待 DI10_4 信号为 1
4	rPickPlace2;	执行 rPickplace2 子程序
5	WaitDI DI10_4,1;	等待 DI10_4 信号为 1
6	rPickPlace3;	执行 rPickplace3 子程序
7	WaitDI DI10_4,1;	等待 DI10_4 信号为 1
8	rPickPlace4;	执行 rPickplace4 子程序
	ENDPROC	

其中 rPickplace1，rPickplace2，rPickplace3，rPickplace4 为放料的 4 个库位的子程序。

3. rPickplace1 子程序

rPickplace1 子程序见表 4.6。

表 4.6 rPickplace1 子程序对照表

程序行数	程序内容	程序注释
	PROC rPickplace1()	程序名
1	MoveJ pHome,v200,fine,tool0;	机器人移动到初始位置
2	MoveJ p100,v100,z20,tool0;	到达待抓取工件正上方
3	MoveL Offs(pPallet_pick,0,0,100),v200,z10,tool0;	
4	MoveL pPallet_pick,v50,fine,tool0;	

续表

程序行数	程序内容	程序注释
5	TOOLJZ1;	夹爪夹紧子程序
6	MoveL Offs(pPallet_pick,0,0,500),v100,z10,tool0;	偏移到抓取点正上方 500 mm 处
7	MoveL Offs(pPallet_place2,0,0,20),v100,z10,tool0;	移动到库位放置点，库位为左上库位
8	MoveL pPallet_place2,,v100,z10,tool0;	
9	WaitTime 1;	
10	TOOLJZ2;	夹爪松开子程序
11	MoveL Offs(pPallet_place2,0,0,30),v20,z1,tool0\WObj: = wobj0;	偏移放置点上方 30 mm 处
12	MoveL Offs(pPallet_pick,0,0,500),v100,z10,tool0;	机器人回初始位置
13	MoveJ pHome,v200,fine,tool0;	
	ENDPROC	

仓位 1（左上）点位信息见表 4.7。

表 4.7　仓位 1（左上）点位信息对照表

点位名称	点位示教位置
PHOME	机器人初始位置
P100	从初始位置到抓取位置的过渡点
pPallet_pick	抓取点
pPallet_place2	放料点

4. rPickplace2 子程序

rPickplace2 子程序见表 4.8。

表 4.8　rPickplace2 子程序对照表

程序行数	程序内容	程序注释
	PROC rPickplace2()	程序名
1	MoveJ pHome,v200,fine,tool0;	机器人移动到初始位置
2	MoveJ p100,v100,z20,tool0;	到达待抓取工件正上方
3	MoveL Offs(pPallet_pick,0,0,100),v200,z10,tool0;	
4	MoveL pPallet_pick,v50,fine,tool0;	
5	TOOLJZ1;	夹爪夹紧子程序
6	MoveL Offs(pPallet_pick,0,0,100),v100,z10,tool0;	偏移到抓取点正上方 100 mm 处
7	MoveL Offs(pPallet_place1,0,0,10),v20,z5,tool0\WObj: = Pallet_wobj;	移动到库位放置点，库位为左下库位
8	MoveL pPallet_place1,v20,fine,tool0\WObj:= Pallet_wobj;	
9	WaitTime 1;	
10	TOOLJZ2;	夹爪松开子程序

程序行数	程序内容	程序注释
11	MoveL Offs(pPallet_place1,0, − 150,0),v100,z5,tool0\WObj: = Pallet_wobj;	偏移放置点 Y 方向 − 150 mm 处
12	MoveL p100,v200,z5,tool0\WObj: = wobj0;	机器人回初始位置
13	MoveJ pHome,v200,fine,tool0;	
	ENDPROC	

仓位 2（左下）点位信息见表 4.9。

表 4.9　仓位 2（左下）点位信息对照表

点位名称	点位示教位置
PHOME	机器人初始位置
P100	从初始位置到抓取位置的过渡点
pPallet_pick	抓取点
pPallet_place1	放料点

5. rPickplace3 子程序

rPickplace3 子程序见表 4.10。

表 4.10　rPickplace3 子程序对照表

程序行数	程序内容	程序注释
	PROC rPickplace3()	程序名
1	MoveJ pHome,v200,fine,tool0;	机器人移动到初始位置
2	MoveJ p100,v100,z20,tool0;	到达待抓取工件正上方
3	MoveL Offs(pPallet_pick,0,0,100),v200,z10,tool0;	
4	MoveL pPallet_pick,v50,fine,tool0;	
5	TOOLJZ1;	夹爪夹紧子程序
6	MoveL Offs(pPallet_pick,0,0,500),v100,z10,tool0;	偏移到抓取点正上方 500 mm 处
7	MoveL Offs(pPallet_place3,0,0,10),v100,z1,tool0\WObj: = Pallet_wobj;	移动到库位放置点，库位为右上库位
8	MoveL pPallet_place3,v10,fine,tool0\WObj:= Pallet_wobj;	
9	WaitTime 1;	
10	TOOLJZ2;	夹爪松开子程序
11	MoveL Offs(pPallet_place3,0, − 150,0),v20,z1,tool0\WObj: = Pallet_wobj;	偏移放置点 Y 方向 − 150 mm 处
12	MoveJ pHome,v200,fine,tool0;	机器人回到初始位置
	ENDPROC	

仓位 3（右上）点位信息见表 4.11。

表 4.11　仓位 3（右上）点位信息对照表

点位名称	点位示教位置
PHOME	机器人初始位置
P100	从初始位置到抓取位置的过渡点
pPallet_pick	抓取点
pPallet_place3	放料点

6. rPickplace4 子程序

rPickplace4 子程序见表 4.12。

表 4.12　rPickplace4 子程序对照表

程序行数	程序内容	程序注释
	PROC rPickplace4()	程序名
1	MoveJ pHome,v200,fine,tool0;	机器人移动到初始位置
2	MoveJ p100,v100,z20,tool0;	到达待抓取工件正上方
3	MoveL Offs(pPallet_pick,0,0,100),v200,z10,tool0;	
4	MoveL pPallet_pick,v50,fine,tool0;	
5	TOOLJZ1;	夹爪夹紧子程序
6	MoveL Offs(pPallet_pick,0,0,80),v100,z10,tool0;	偏移到抓取点 X 方向 200 mm 处，Z 方向 100 mm 处
7	MoveL Offs(pPallet_pick,200,0,100),v100,z10,tool0;	
8	MoveL Offs(pPallet_place4,0,0,10),v20,z1,tool0\WObj:=Pallet_wobj;	移动到库位放置点，库位为右下库位
9	MoveL pPallet_place4,v20,fine,tool0\WObj:=Pallet_wobj;	
10	TOOLJZ2;	夹爪松开子程序
11	MoveL Offs(pPallet_place4,0,−135,5),v20,z1,tool0\WObj:=Pallet_wobj;	偏移放置点 Y 方向 −135 mm，Z 方向 5 mm 处
12	MoveJ pHome,v200,fine,tool0;	机器人回到初始位置
	ENDPROC	

仓位 4（右下）点位信息见表 4.13。

表 4.13　仓位 4（右下）点位信息表

点位名称	点位示教位置
PHOME	机器人初始位置
P100	从初始位置到抓取位置的过渡点
pPallet_pick	抓取点
pPallet_place4	放料点

7. tooljz1 子程序

tooljz1 子程序见表 4.14。

表 4.14　tooljz1 子程序对照表

程序行数	程序内容	程序注释
	PROC toolJZ1()	程序名
1	WaitTime 0.5;	等待 0.5 s
2	Set DO10_2;	夹爪夹紧
3	WaitTime 0.5;	
4	Reset DO10_2;	
	ENDPROC	

8. tooljz2 子程序

tooljz2 子程序见表 4.15。

表 4.15　tooljz2 子程序对照表

程序行数	程序内容	程序注释
	PROC toolJZ2()	程序名
1	WaitTime 0.5;	等待 0.5 s
2	Set DO10_3;	夹爪松开
3	WaitTime 0.5;	
4	Reset DO10_3;	
	ENDPROC	

任务 4　调试仓储工位

任务描述

结合 NGT-RA6B 模块化工业机器人应用教学系统,完成仓储工位主程序和子程序调用以及手动调试和自动调试。

实施流程

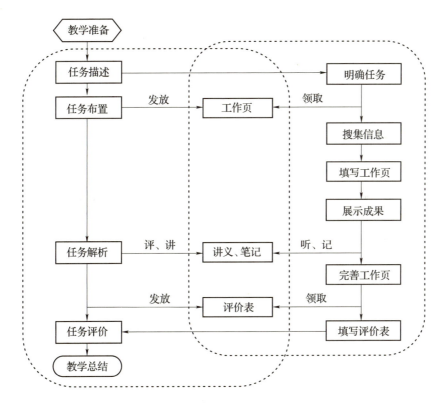

教学准备

一、材料准备：教材、工作页、多媒体课件
二、设备准备：NGT-RA6B 模块化工业机器人应用教学系统

工作步骤

调试仓储工位——工作页 14

班级＿＿＿＿＿＿ 姓名＿＿＿＿＿＿ 日期＿＿＿＿＿＿ 成绩＿＿＿＿＿＿

工作步骤	工作内容	注意事项
手动调试	1. 将控制器切换至手动状态 2. 手握住使能并保持 3. 将指针移至主程序 4. 进行单步调试 5. 进行自动调试	出现紧急情况时，手立即松开使能键，机器人会自动停止
自动调试	1. 将控制器切换至自动状态 2. 启动马达使能 3. 进行自动运行	注意编写运动指令上写的速度不要超过 250 mm/s，出现紧急情况，立即按下示教器的急停按钮
观察运行现象	1. 观察运行现象 2. 在动作不连贯处，更改程序参数，使机器人动作流畅 3. 多次运行，观察机器人运行有无异常	修改参数时，需在手动模式下调试，并且更改完后重新进入第一步

考核评价

调试仓储工位——考核评价表

班级_____ 姓名_____ 日期_____ 成绩_____

序号	教学环节	参与情况	考核内容	教学评价	
				自我评价	教师评价
1	明确任务	参　与【　】 未参与【　】	领会任务意图		
			掌握任务内容		
			明确任务要求		
2	搜集信息	参　与【　】 未参与【　】	研读学习资料		
			搜集数据信息		
			整理知识要点		
3	填写工作页	参　与【　】 未参与【　】	明确工作步骤		
			完成工作任务		
			填写工作内容		
4	展示成果	参　与【　】 未参与【　】	聆听成果分享		
			参与成果展示		
			提出修改建议		
5	整理笔记	参　与【　】 未参与【　】	聆听任务解析		
			整理解析内容		
			完成学习笔记		
6	完善工作页	参　与【　】 未参与【　】	自查工作任务		
			更正错误信息		
			完善工作内容		
备注	请在教学评价栏目中填写：A、B或C　　其中，A—能，B—勉强能，C—不能				
学生心得						
教师寄语						

知识链接

一、手动调试

当完成了程序编辑以后,需要对程序进行调试,来验证机器人走的路径点是否符合要求,如果不符合,要及时修正。手动调试操作说明如下所示。

步骤①:将左图右上角钥匙开关打到手动状态,直到示教器的状态显示栏显示手动状态,手动测试传送带上的传感器是否有作用;

步骤②:查看示教器状态栏为手动状态;

步骤③:单击"程序编辑器"选项;

步骤④:单击"调试"命令,单击"PP移至Main"选项;

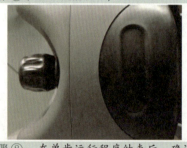

步骤⑤:指针移动到主程序第一行;

步骤⑥:按住使能按钮;

步骤⑦:单击"单步运行"按钮,逐行执行程序;

步骤⑧:在单步运行程序结束后,确认程序轨迹运行无误后,同样将指针打到主程序第一行,然后直接单击"连续运行"按钮,连续运行,手动往传送带有料传感器处放料。

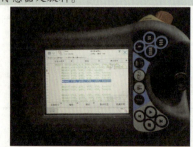

二、自动调试

在手动状态下，确认机器人轨迹正常，能进行仓储动作，最后能把工装再放回工装库中，然后将机器人的速度减慢，确认没有问题再加速，最好不要超过 250 mm/s。自动调试操作说明如下所示。

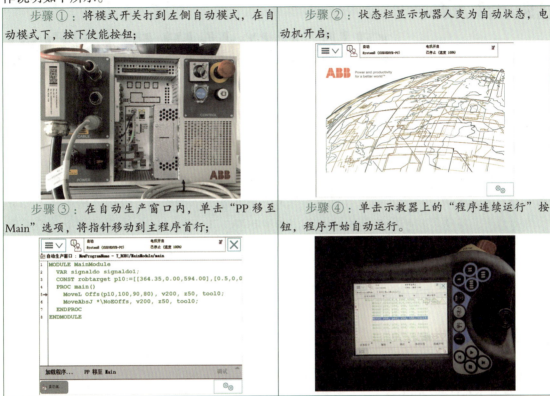

思考与练习

1. 仓储工位组成部分有哪些？
2. 举例说明仓储工位坐标系的建立过程。
3. 列写仓储工位程序编写的关键语句。
4. 调试仓储工位的注意事项有哪些？

项目五
码垛工位的操作与编程

项目简介

码垛机器人是一个在三维空间中具有较多自由度,并能实现诸多拟人动作和功能的智能装备,其主要功能是将产品进行码垛以及产品的正常包装和搬运,为现代生产提供更高的生产效率。本项目以码垛工位为切入点,学习 FOR、TEST、MOD 等逻辑指令,完成码垛程序编写及调试。

教学目标

- 了解 NGT-RA6B 码垛工位及电气系统组成;
- 掌握 NGT-RA6B 码垛工位坐标系建立方法;
- 掌握 NGT-RA6B 码垛工位程序编写方法;
- 会操作、调试 NGT-RA6B 码垛工位。

任务1　识读码垛工位

任务描述

结合 NGT-RA6B 模块化工业机器人应用教学系统,识读码垛工位组成,能够准确说出码垛工装、工装夹爪、工装底座及码垛平台。

实施流程

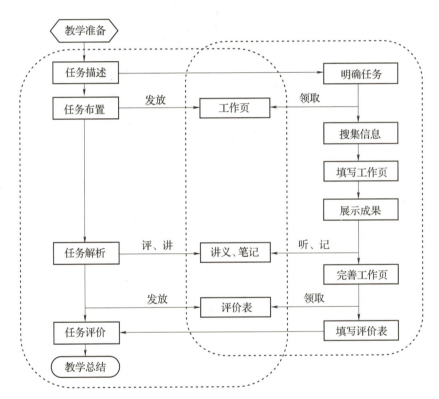

教学准备

一、材料准备:教材、工作页、多媒体课件

二、设备准备:NGT-RA6B 模块化工业机器人应用教学系统

工作步骤

识读码垛工位——工作页 15

班级＿＿＿＿＿＿ 姓名＿＿＿＿＿＿ 日期＿＿＿＿＿＿ 成绩＿＿＿＿＿＿

1. 标出图中标记的名称，识读图中码垛工位并打勾。

A ☐   B ☐   C ☐   D ☐

2. 结合下面各图及提示信息，描述各部件的组成。

名称	图片	描述组成
机器人工装	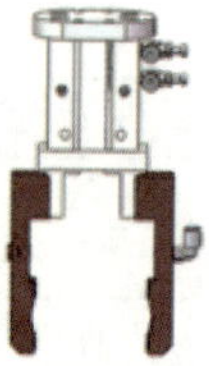	
吸盘	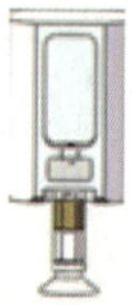	
码垛平台		

118

考核评价

识读码垛工位——考核评价表

班级_____　　姓名_____　　日期_____　　成绩_____

序号	教学环节	参与情况	考核内容	教学评价	
				自我评价	教师评价
1	明确任务	参　与【　】 未参与【　】	领会任务意图		
			掌握任务内容		
			明确任务要求		
2	搜集信息	参　与【　】 未参与【　】	研读学习资料		
			搜集数据信息		
			整理知识要点		
3	填写工作页	参　与【　】 未参与【　】	明确工作步骤		
			完成工作任务		
			填写工作内容		
4	展示成果	参　与【　】 未参与【　】	聆听成果分享		
			参与成果展示		
			提出修改建议		
5	整理笔记	参　与【　】 未参与【　】	聆听任务解析		
			整理解析内容		
			完成学习笔记		
6	完善工作页	参　与【　】 未参与【　】	自查工作任务		
			更正错误信息		
			完善工作内容		
备注	请在教学评价栏目中填写：A、B或C　　其中，A—能，B—勉强能，C—不能				
学生心得					
教师寄语					

知识链接

识读码垛工位

1. 机器人工装

工装夹爪安装在机器人上,可以直接抓取其他 3 种工装进行作业,也可以直接抓取方形工件进行搬运入库工作。工装夹爪主要由气爪、手指、光线放大器感应头、导电电极、真空气路等组成。工装夹爪在抓取抛光工装和真空吸盘工装时,电路和气路能够自动对接,无须人工辅助。码垛工位机器人工装如图 5.1 所示。

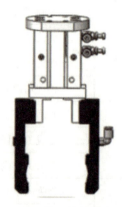

图 5.1　码垛工位机器人工装

2. 码垛平台

码垛平台如图 5.2 所示,其由铝型材支架、码垛底板、工件等组成。其为机器人实现码垛搬运提供场所,真空吸盘将工件从原位置吸起,放置在指定的位置,组装成各个图案。

3. 吸盘

吸盘工装如图 5.3 所示。主要由吸盘和吸盘工架构成,主要用来吸取码垛元件。

图 5.2　码垛平台

图 5.3　吸盘工装

任务 2　建立码垛工位坐标系

任务描述

结合 NGT-RA6B 模块化工业机器人应用教学系统，以码垛工位为切入点，巩固学习坐标系定义及类型，能够利用 6 点法建立码垛工位工具坐标系、工件坐标系。

实施流程

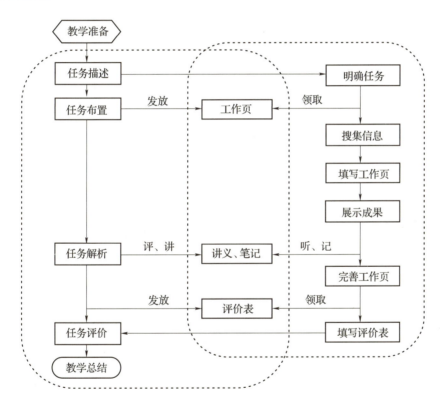

教学准备

一、材料准备：教材、工作页、多媒体课件
二、设备准备：NGT-RA6B 模块化工业机器人应用教学系统

工作步骤

建立码垛工位坐标系——工作页 16

班级_____ 姓名_____ 日期_____ 成绩_____

工作步骤	工作内容	注意事项
创建工具坐标系（6 点法）	1. 通过示教器进行工具坐标系创建 2. 在手动操纵界面新建工具坐标系 3. 将工具坐标系的名称更改为 Toolmaduo 4. 通过 6 点法示教创建工具坐标系	每个点的姿态尽量相差要大
创建工具坐标系（偏移）	1. 通过示教器进行工具坐标系创建 2. 在手动操纵界面新建工具坐标系 3. 将工具坐标系的名称更改为 Toolmaduo	质量不能为负值
创建工件坐标系	1. 通过示教器创建工件坐标系 2. 在手动操纵界面新建工具坐标系 3. 将工件坐标系的名称更改为 tool0 4. 通过 3 点法示教创建工件坐标系 5. 根据图片示例方向建立 X、Y 方向	X 和 Y 的方向不能建反

考核评价

建立码垛工位坐标系——考核评价表

班级_____ 姓名_____ 日期_____ 成绩_____

序号	教学环节	参与情况	考核内容	教学评价	
				自我评价	教师评价
1	明确任务	参　与【　】 未参与【　】	领会任务意图		
			掌握任务内容		
			明确任务要求		
2	搜集信息	参　与【　】 未参与【　】	研读学习资料		
			搜集数据信息		
			整理知识要点		
3	填写工作页	参　与【　】 未参与【　】	明确工作步骤		
			完成工作任务		
			填写工作内容		
4	展示成果	参　与【　】 未参与【　】	聆听成果分享		
			参与成果展示		
			提出修改建议		
5	整理笔记	参　与【　】 未参与【　】	聆听任务解析		
			整理解析内容		
			完成学习笔记		
6	完善工作页	参　与【　】 未参与【　】	自查工作任务		
			更正错误信息		
			完善工作内容		
备注	请在教学评价栏目中填写：A、B 或 C　　其中，A—能，B—勉强能，C—不能					
学生心得					
教师寄语					

知识链接

学生在使用码垛实训时，为了能够正确地进行编程，需要对打码垛单元建立工件坐标系。建立工件坐标系的操作说明如下所示。

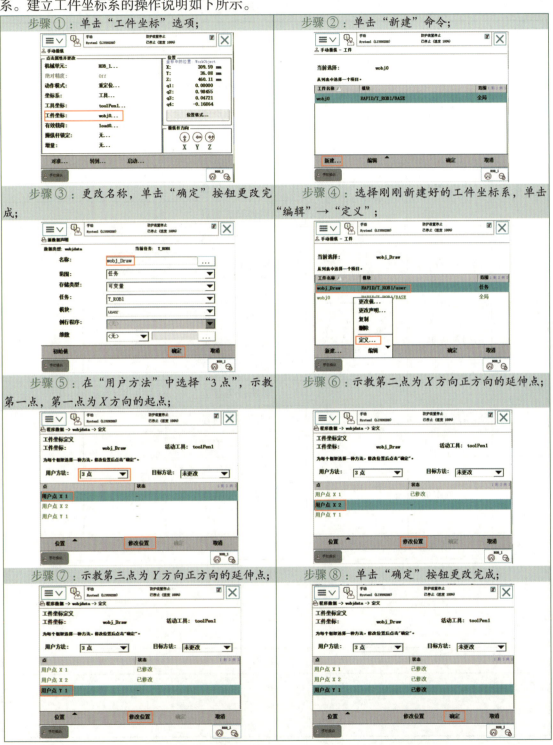

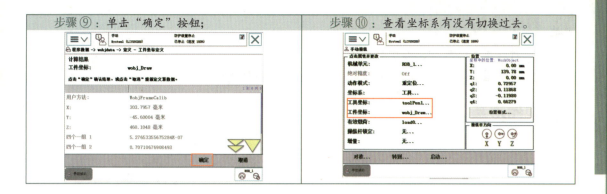

任务3　编写码垛工位程序

任务描述

结合NGT-RA6B模块化工业机器人应用教学系统,建立码垛工位坐标系,利用RAPID语言建立程序模块,运用FOR循环语句、TEST判断语句、运算指令及I/O信号分配表,编写码垛工位程序。

实施流程

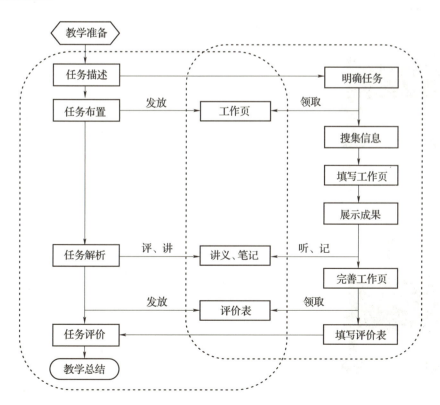

教学准备

一、材料准备：教材、工作页、多媒体课件
二、设备准备：NGT – RA6B 模块化工业机器人应用教学系统

工作步骤

编写码垛工位程序——工作页 17

班级_____　　姓名_____　　日期_____　　成绩_____

工作步骤	工作内容	注意事项
机器人抓取真空吸盘工装	机器人快速移动至真空吸盘工装上方，慢速、精确抓取打磨工装	机器人完全抓取工装时再离开，速度有快慢之分
移动至码垛工位	机器人慢速离开工装库，快速移动至码垛工位上方，慢速将真空吸盘的中心点与工件的中心点重合	真空吸盘与工件之间要紧密连接
将工件码垛成金字塔形或长方形	打开真空吸盘，将工件按顺序码成金字塔形或长方形	注意工件与工件之间码垛之间留一点间隙

考核评价

编写码垛工位程序——考核评价表

班级_____ 姓名_____ 日期_____ 成绩_____

序号	教学环节	参与情况	考核内容	教学评价	
				自我评价	教师评价
1	明确任务	参　与【　】 未参与【　】	领会任务意图		
			掌握任务内容		
			明确任务要求		
2	搜集信息	参　与【　】 未参与【　】	研读学习资料		
			搜集数据信息		
			整理知识要点		
3	填写工作页	参　与【　】 未参与【　】	明确工作步骤		
			完成工作任务		
			填写工作内容		
4	展示成果	参　与【　】 未参与【　】	聆听成果分享		
			参与成果展示		
			提出修改建议		
5	整理笔记	参　与【　】 未参与【　】	聆听任务解析		
			整理解析内容		
			完成学习笔记		
6	完善工作页	参　与【　】 未参与【　】	自查工作任务		
			更正错误信息		
			完善工作内容		
备注	请在教学评价栏目中填写：A、B 或 C　　其中，A—能，B—勉强能，C—不能				
学生心得						
教师寄语						

知识链接

一、常用的功能指令

1. FOR 循环语句

重复多次执行语句，使用 FOR 循环语句来实现。FOR 循环语句说明见表5.1。

表 5.1 FOR 循环语句说明

指令示例	指令解释

`FOR i FROM 1 TO 10 DO`
`    Routine1;`
`ENDFOR`
	循环执行 Routine1 程序 10 次，执行 10 次结束后跳出循环

FOR 循环语句使用说明如下所示。

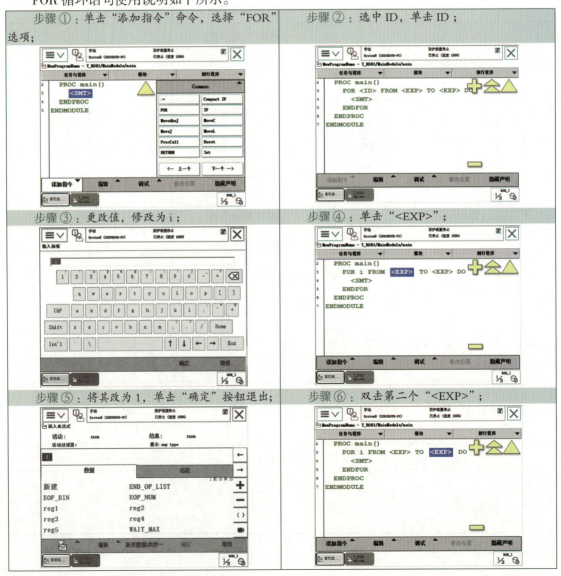

步骤⑦：将其更改为要循环的次数。

2. TEST 判断语句

重复多次执行语句，使用 TEST 来实现。TEST 判断语句说明见表 5.2。

表 5.2　TEST 判断语句说明

指令示例	指令解释
```TEST reg6 CASE 1: 　MoveJ p10, v100, z50, tool0; CASE 2: 　MoveJ p20, v100, z50, tool0; CASE 3: 　MoveJ p30, v1000, z50, tool0; ENDTEST```	根据 reg6 的值，执行对应动作： reg6 = 1，机器人运动到 P10 点； reg6 = 2，机器人运动到 P20 点； reg6 = 3，机器人运动到 P30 点

TEST 判断语句使用说明如下所示。

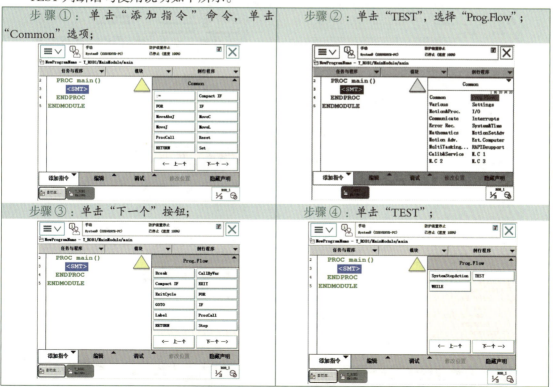

步骤①：单击"添加指令"命令，单击"Common"选项；

步骤②：单击"TEST"，选择"Prog.Flow"；

步骤③：单击"下一个"按钮；

步骤④：单击"TEST"；

步骤⑤：单击"<EXP>"；

步骤⑥：更改成对应要去测试执行的变量，比如 reg1，单击"确定"按钮；

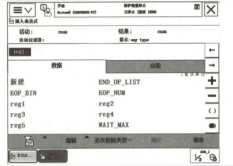

步骤⑦：选中"<EXP>"，单击"<EXP>"；

步骤⑧：单击"编辑"命令，单击"仅限选定内容"选项；

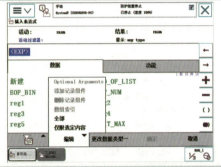

步骤⑨：更改对应的值，比如，这里写1；

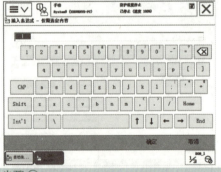

步骤⑩：单击"<SMT>"，单击"添加指令"，选择要执行的指令，比如这里添加一个移位指令，程序如下图；

步骤⑪；

步骤⑫：如果想继续添加可能出现的情况，双击整条语句，弹出的窗口如左图。选择"添加CASE"，根据需要选择添加多少个CASE；

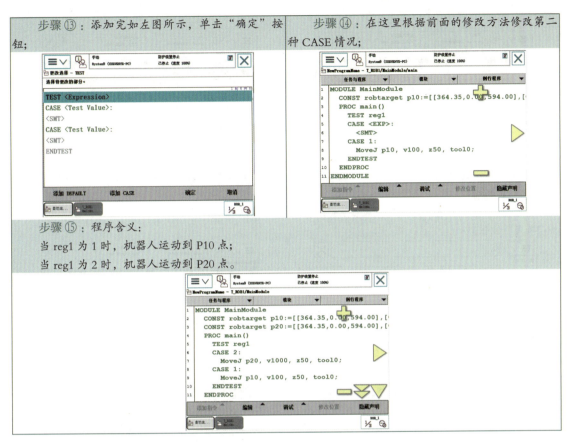

3. Label 标识符和 GOTO 跳转指令

一般情况下,Label 标识符配合 GOTO 语句进行跳转执行。Label 和 GOTO 语句说明见表 5.3。

表 5.3 Label 和 GOTO 语句说明

指令示例	指令解释
nugget: MoveJ p50, v100, z50, tool0; MoveJ p40, v100, z50, tool0; GOTO nugget;	标签为 nugget，当执行 GOTO nugget 时，指针会跳转到标签 nugget 处，然后接着往下执行

Label 标识符和 GOTO 语句使用说明如下所示。

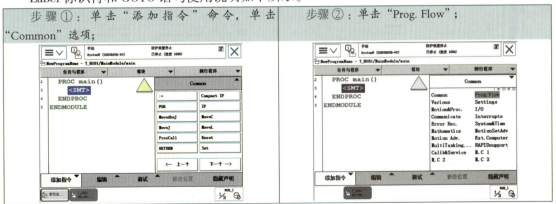

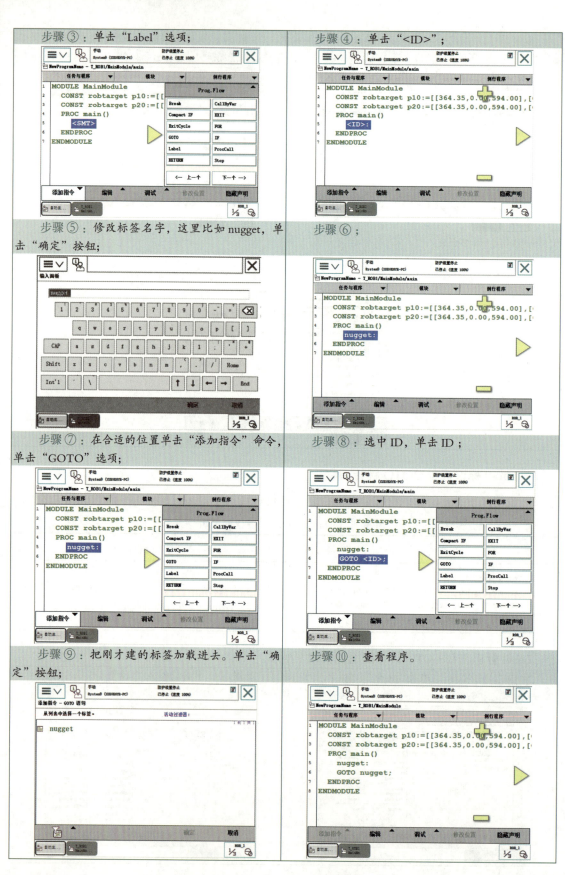

4. DIV 整数除法

DIV 整数除法即从除法结果中取整数。DIV 整数除法语句说明见表 5.4。

表 5.4　DIV 整数除法语句说明

指令示例	指令解释
`reg4 := reg3 DIV 2;`	将 reg3 除以 2 得到的整数赋给 reg4 举例：reg3 = 3，则 reg4 = 1 reg3 = 7，则 reg4 = 3

DIV 整数除法语句使用说明许如下所示。

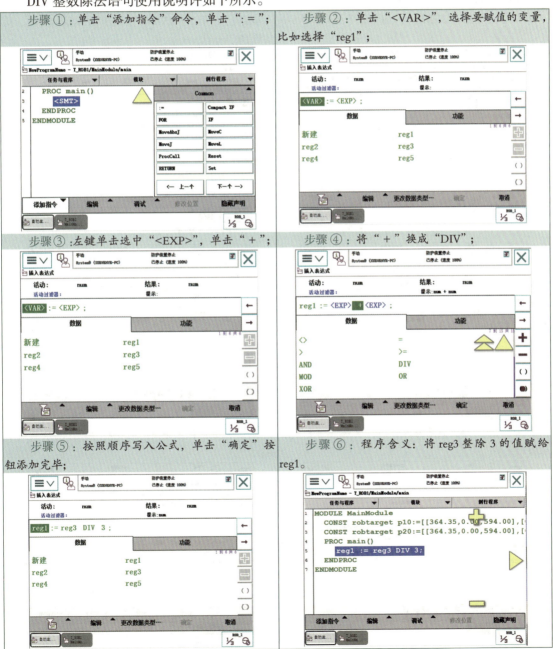

5. MOD 取余算法

MOD 取余算法即整数除法得到余数。MOD 取余算法说明见表 5.5。

表 5.5 MOD 取余算法说明

指令示例	指令解释
`reg4 := reg11 MOD 3;`	将 reg11 除以 2 得到的余数赋给 reg4 举例：reg3 = 3，则 reg4 = 0 reg3 = 7，则 reg4 = 1

MOD 取余算法使用说明如下所示。

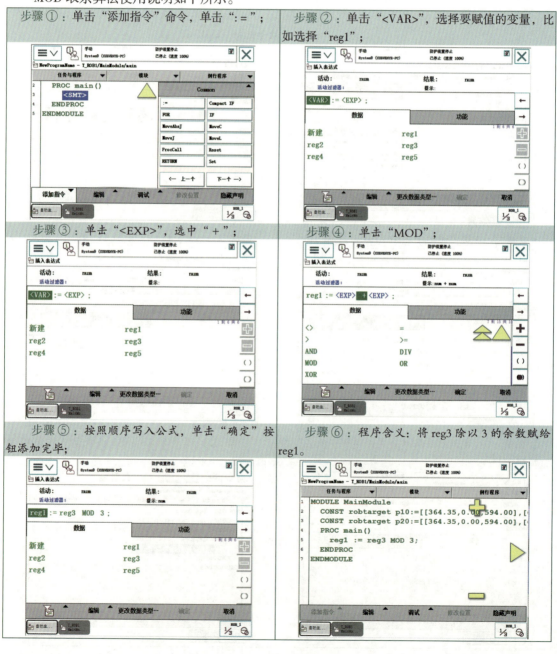

二、I/O 信号分配表

机器人的外部 I/O 信号与 PLC 的 I/O 信号进行连接，机器人的输出信号为 PLC 的输入信号，机器人的输入信号为 PLC 的输出信号。具体参照表 5.6。

表 5.6 I/O 信号

机器人输出信号	信号名称
DO10_2	夹爪夹紧
DO10_3	夹爪松开
DO10_4	吸盘吸取

三、参考程序

以码垛金字塔形为例。

1. 主程序

```
PROC Palletizing()
 VAR NUM YOFFS: = 0;
 VAR NUM AOFFS: = 0;
 VAR NUM ZOFFS: = 0;
      Movej PHome,v300,z50,tool0\WObj: = wobj0;
      Movej Offs(pallet1,0,0,90),v300,z50,tool0;
      MoveL pallet1,v30,fine,tool0;
      TOOLJZ1;
      MoveL Offs(pallet1,0,0,120),v300,z50,t0010;
      Movej pallet2,v300,z50,tool0;
      FOR I FROM 1 TO 6 DO
          TEST I
          CASE 1:
      ZOFFS: = 0;YOFFS: = 0;AOFFS: = 0;
          CASE 2:
      ZOFFS: = 0;YOFFS: = 39;,AOFFS: = 42;
          CASE 3:
      ZOFFS: = 0;YOFFS: = 78;,AOFFS: = 84;
          CASE 4:
      ZOFFS: = 20;YOFFS: = 19;AOFFS: = 126;
          CASE 5:
      ZOFFS: = 20;YOFFS: = 59;AOFFS: = 168;
          CASE 6:
      ZOFFS: = 40;YOFFS: = 39;AOFFS: = 210;
          ENDTEST

      MoveJ Offs(pallet3,0,AOFFS,30),v300,z50,tool0\WObj: = wPallet;
      Movel Offs(pallet3,0,AOFFS,0),v30,fine,tool0\WObj: = wPallet;
```

```
            toolXP1;
            MoveL Offs(pallet3,0,AOFFS,30),v300,z50,tool0\WObj: = wPallet;
            Movej Offs(pallet4,0,0,30),v300,z50,tool0\WObj: = wPallet;
            Pallets: = Offs(Pallet4,0,YOFFS,ZOFFS);
            MoveL Offs(pallet5,0,0,20),v30,z50,tool0\WObj: = wPallet;
            Movej Pallet5,v30,fine,t0010\WObj: = wPallet;
            toolXP2;
            MoveL Offs(pallet5,0,0,20),v30,z50,tool0\WObj: = wPallet;
            ENDFOR
            Movej pallet2,v300,z50,tool0;
            Movej Offs(pallet1,0,0,90),v300,z50,t0010;
            MoveL Offs(pallet1,0,0,20),v300,z50,t0010;
            MoveL pallet1,v30,fine,tool0;
            TOOLJZ2;
            MvoeL Offs(pallet1,0,0,90),v300,z50,tool0;
            Movej pallet2,v300,z50,t0010;
            Movej PHome,v300,z50,tool0\WObj: = wobj0;
ENDPROC
```

点位信息见表 5.7。

表 5.7　点位信息

点位名称	点位示教位置
PHome	机器人初始位置
pallet1	抓取吸盘位置
pallet2	去码垛平台过渡点
pallet3	码垛吸取的第一个点位（默认最左边）
pallet4	码垛放置的第一点位
pallet5	运算出的实际放置的点位（该点无须示教）

变量信息见表 5.8。

表 5.8　变量信息

变量名称	变量定义
YOFFS	放置点 Y 方向上的偏移
AOFFS	抓取点 Y 方向上的偏移
ZOFFS	放置点 X 方向上的偏移

2. 夹爪夹紧 toolJz1 子程序

```
PROC toolJZ1()
    WaitTime 0.5;
    Set DO10_2;
    WaitTime 0.5;
```

```
        Reset DO10_2;
ENDPROC
```

3. 夹爪松开 toolJz2 子程序

```
PROC toolJZ2()
    WaitTime 0.5;
    SET DO10_3;
    WaitTime 0.5;
    Reset DO10_3;
ENDPROC
```

4. 吸盘吸取 toolXP1 子程序

```
PROC toolXP1()
    WaitTime 0.5;
    Set DO10_4;
    WaitTime 0.5;
ENDPROC
```

5. 吸盘不吸 toolXP2 子程序

```
PROC toolXP2()
    WaitTime 0.5;
    Reset DO10_4;
    WaitTime 0.5;
ENDPROC
```

以长方形码垛为例。

```
PROC Palletizing()
   VAR NUM yoff: = 0;
        Movej PHome,v300,z50,tool0\WObj: = wobj0;
        Movej Offs(pallet1,0,0,90),v300,z50,tool0;
        MoveL pallet1,v30,fine,tool0;
        TOOLJZ1;
        MoveL Offs(pallet1,0,0,120),v300,z50,tool0;
        Movej pallet2,v300,z50,tool0;
        i: = 0;
        nugget:
        yoff: = 42*i;
        reg1: = i DIV 3;
        reg2: = i MOD 3;
        reg3: = reg2*39;
        MoveJ Offs(pallet3,0,yoff,30),v300,z50,tool0\WObj: = wPallet;
        MoveL Offs(pallet3,0,yoff,0),v30,fine,tool0\WObj: = wPallet;
        toolXP1;
        MoveL Offs(pallet3,0,yoff,30),v300,z50,tool0\WObj: = wPallet;
```

```
        IF reg1 = 0 THEN
        Movej Offs(pallet4,0,0,30),v300,z50,tool0\WObj: = wPallet;
        Pallet5: = Offs(PalLet4,0,reg3,0);
        ENDIF
        IF reg1 = 1 THEN
        Movej Offs(pallet4,0,0,30),v300,z50,tool0\WObj: = wPallet;
        Pallet5: = Offs(PalLet4,39,reg3,0);
        ENDIF

        MoveL Offs(pallet5,0,0,30),v30,z50,tool0\WObj: = wPallet;
        Movej Pallet5,v30,fine,tool0\WObj: = wPallet;
        toolXP2;
        MoveL Offs(pallet5,0,0,30),v30,z50,tool0\WObj: = wPallet;
        i: = i + 1;
        IF i<6 THEN
        GOTO nugget;
        ENDIF
        Movej pallet2,v300,z50,tool0;
        Movej Offs(pallet1,0,0,90),v300,z50,tool0;
        MoveL Offs(pallet1,0,0,20),v300,z50,tool0;
        MoveL pallct1,v30,fine,too10;
        TOOLJZ2;
        MoveL Offs(palletl,0,0,90),v300,z50,too10;
        Movej pallet2,v300,z50,too10;
        Movej PHome,v300,z50,tool0\WObj: = wobj0;
ENDPROC
```

点位信息见表5.9。

表 5.9 点位信息

点位名称	点位示教位置
PHome	机器人初始位置
pallet1	抓取吸盘位置
pallet2	去码垛平台过渡点
pallet3	码垛吸取的第一个点位（默认最左边）
pallet4	码垛放置的第一点位
pallet5	运算出的实际放置的点位（该点无须示教）

变量信息见表5.10。

表 5.10 变量信息

变量名称	变量定义
yoff	放置点在 Y 方向上的偏移
reg1	除法判断是第几行
reg2	取余判断是一行的第几个
reg3	判断放置点在 Y 方向的偏移多少

子程序同上。

任务 4　调试码垛工位

任务描述

结合 NGT-RA6B 模块化工业机器人应用教学系统,完成码垛工位主程序和子程序调用以及手动调试和自动调试。

实施流程

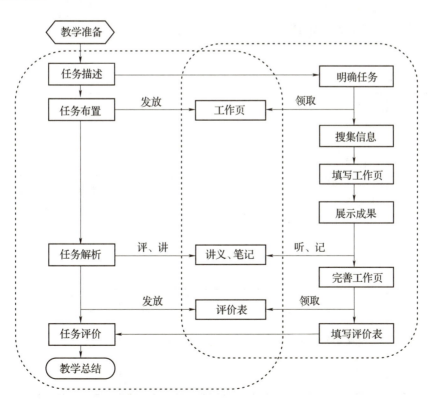

教学准备

一、材料准备：教材、工作页、多媒体课件
二、设备准备：NGT－RA6B 模块化工业机器人应用教学系统

工作步骤

调试码垛工位——工作页 18

班级_____ 姓名_____ 日期_____ 成绩_____

工作步骤	工作内容	注意事项
手动调试	1. 将控制器切换至手动状态 2. 手按住使能按钮并保持 3. 将指针移至主程序 4. 进行单步调试 5. 进行自动调试	出现紧急情况时，手立即松开使能按钮，机器人会自动停止
自动调试	1. 将控制器切换至自动状态 2. 启动马达使能 3. 进行自动运行	注意运动指令上的速度不要超过 250 mm/s，出现紧急情况时，立即按下示教器的急停按钮
观察运行现象	1. 观察运行现象 2. 在动作不连贯处更改程序参数，使机器人动作流畅 3. 多次运行，观察机器人运行有无异常	修改参数时，需在手动模式下调试，并且更改完后重新按照手动调试和自动调试走完
思考总结	码垛完后尝试拆垛	

考核评价

调试码垛工位——考核评价表

班级_____ 姓名_____ 日期_____ 成绩_____

序号	教学环节	参与情况	考核内容	教学评价	
				自我评价	教师评价
1	明确任务	参 与【 】 未参与【 】	领会任务意图		
			掌握任务内容		
			明确任务要求		
2	搜集信息	参 与【 】 未参与【 】	研读学习资料		
			搜集数据信息		
			整理知识要点		
3	填写工作页	参 与【 】 未参与【 】	明确工作步骤		
			完成工作任务		
			填写工作内容		
4	展示成果	参 与【 】 未参与【 】	聆听成果分享		
			参与成果展示		
			提出修改建议		
5	整理笔记	参 与【 】 未参与【 】	聆听任务解析		
			整理解析内容		
			完成学习笔记		
6	完善工作页	参 与【 】 未参与【 】	自查工作任务		
			更正错误信息		
			完善工作内容		
备注	请在教学评价栏目中填写：A、B 或 C　　其中，A—能，B—勉强能，C—不能					
学生心得					
教师寄语					

知识链接

一、手动调试

当完成了程序编辑以后,需要对程序进行调试,以验证机器人走的路径点是否符合要求。如果不符合,要及时修正。手动调试步骤如下所示。

步骤①:将左图右上角钥匙开关打到手动状态,直到示教器的状态显示栏显示手动状态,手动测试传动带上的传感器是否有作用;

步骤②:查看示教器状态栏为手动状态;

步骤③:单击"程序编辑器"选项;

步骤④:单击"调试"命令,单击"PP 移至 Main"选项;

步骤⑤:指针移动到主程序第一行;

步骤⑥:按住使能按钮;

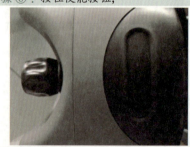

步骤⑦:单击"单步运行"按钮,逐行执行程序;

步骤⑧:在单步运行程序结束后,确认程序轨迹运行无误后,同样将指针打到主程序第一行,然后直接单击"连续运行"按钮,连续运行。

二、自动调试

在手动状态下，确认机器人能抓取出工装并能绘出正方形和圆形，最后再把工装放回工装库中，然后将机器人的速度减慢，确认没有问题再加速，最好不要超过 250 mm/s。

自动操作步骤如下所示。

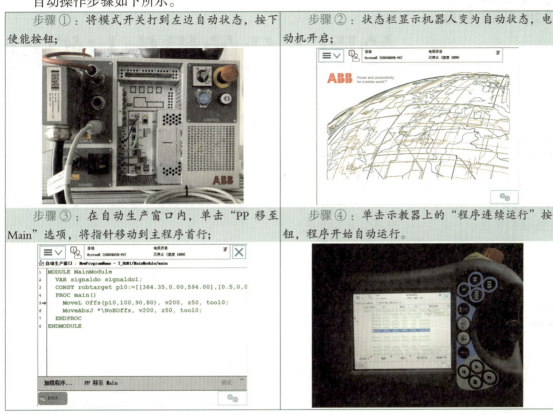

步骤①：将模式开关打到左边自动状态，按下使能按钮；

步骤②：状态栏显示机器人变为自动状态，电动机开启；

步骤③：在自动生产窗口内，单击"PP 移至 Main"选项，将指针移动到主程序首行；

步骤④：单击示教器上的"程序连续运行"按钮，程序开始自动运行。

思考与练习

1. 码垛工位由哪些部分组成？
2. 举例说明码垛工位坐标系的建立过程。
3. 列写码垛工位程序编写的关键语句。
4. 调试码垛工位的注意事项有哪些？
5. 简要编写码垛工位程序。

项目六

绘图工位的操作与编程

项目简介

绘图是工业机器人能完成的一项基本作业内容。工业机器人通过运用基本运动指令实现绘图功能。本项目以绘图工位为载体，建立画笔的工具坐标系。学习 TPWrite、CRobT、ClkStart 等指令，完成绘图程序编写及调试。

教学目标

- 了解 NGT – RA6B 绘图工位及电气系统组成；
- 掌握 NGT – RA6B 绘图工位坐标系建立方法；
- 掌握 NGT – RA6B 绘图工位程序编写方法；
- 会操作、调试 NGT – RA6B 绘图工位。

任务 1 识读绘图工位

任务描述

结合 NGT-RA6B 模块化工业机器人应用教学系统，熟悉 RobotStudio 软件构成、浏览器下载安装步骤及软件使用方法，实现 RobotStudio 软件与机器人连接。

实施流程

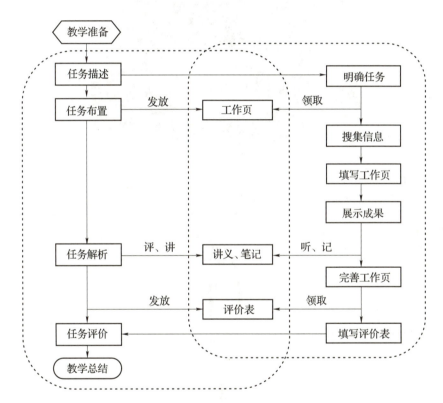

教学准备

一、材料准备：教材、工作页、多媒体课件

二、设备准备：NGT－RA6B 模块化工业机器人应用教学系统

工作步骤

识读绘图工位——工作页 19

班级＿＿＿＿＿＿ 姓名＿＿＿＿＿＿ 日期＿＿＿＿＿＿ 成绩＿＿＿＿＿＿

1. 标出图中工位的名称。

A☐　　B☐　　C☐　　D☐

从 A、B、C、D 四个选项中勾选出码垛工位。

2. 请结合上图及下面的提示信息，描述下面各部件的组成。

名称	图片	描述组成
机器人工装	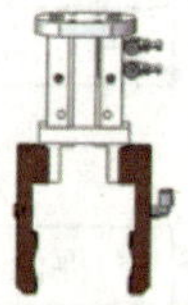	
吸盘		
绘图平台		

考核评价

识读绘图工位——考核评价表

班级_____ 姓名_____ 日期_____ 成绩_____

序号	教学环节	参与情况	考核内容	教学评价	
				自我评价	教师评价
1	明确任务	参　与【　】 未参与【　】	领会任务意图		
			掌握任务内容		
			明确任务要求		
2	搜集信息	参　与【　】 未参与【　】	研读学习资料		
			搜集数据信息		
			整理知识要点		
3	填写工作页	参　与【　】 未参与【　】	明确工作步骤		
			完成工作任务		
			填写工作内容		
4	展示成果	参　与【　】 未参与【　】	聆听成果分享		
			参与成果展示		
			提出修改建议		
5	整理笔记	参　与【　】 未参与【　】	聆听任务解析		
			整理解析内容		
			完成学习笔记		
6	完善工作页	参　与【　】 未参与【　】	自查工作任务		
			更正错误信息		
			完善工作内容		
备注	请在教学评价栏目中填写：A、B或C　　其中，A—能，B—勉强能，C—不能					
学生心得					
教师寄语					

知识链接

1. 绘图工装

绘图工装如图 6.1 所示,由画笔固定座、画笔夹紧块、画笔等组成。画笔有一定的弹性,可以防止破坏纸张和字迹不清。通过机器人驱动,在画图板上画各样的形状。

2. 机器人工装

工装夹爪直接安装在机器人上,可以直接抓取其他 3 种工装进行作业,也可以直接抓取方形工件进行搬运入库工作。工装夹爪如图 6.2 所示,主要由气爪、手指、光线放大器感应头、导电电极、真空气路等组成。工装夹爪在抓取抛光工装和真空吸盘工装时,电路和气路能够自动对接,无须人工辅助。

图 6.1 绘图工装

图 6.2 工装夹爪

3. 工装底座

工装底座如图 6.3 所示,由铝型材和铝板加工件搭建而成,底部为方便调节位置的安装底板。

4. 绘图平台

绘图平台如图 6.4 所示,由画图底板、A4 纸、铝型材支架等组成。A4 纸由磁钢吸附压在钢板上,更换方便。

图 6.3 工装底座

图 6.4 绘图平台

任务 2　建立绘图工位坐标系

任务描述

结合 NGT-RA6B 模块化工业机器人应用教学系统，使用 RobotStudio 软件进行 I/O 信号设置及在线编程。

实施流程

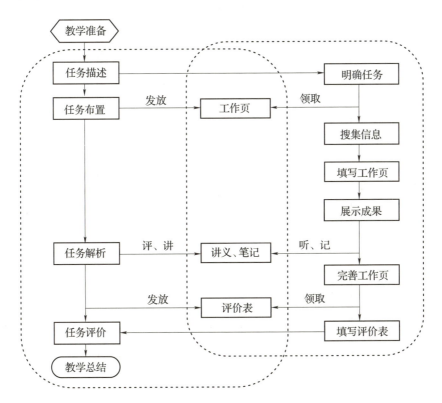

教学准备

一、材料准备：教材、工作页、多媒体课件
二、设备准备：NGT-RA6B 模块化工业机器人应用教学系统

工作步骤

建立画笔工具坐标系——工作页 20

班级_____ 姓名_____ 日期_____ 成绩_____

工作步骤	工作内容	注意事项
创建工具坐标系（6点法）	1. 通过示教器进行工具坐标系创建 2. 在手动操纵界面新建工具坐标系 3. 将工具坐标系的名称更改为 ToolPolish 4. 通过6点法示教创建工具坐标系	每个点的姿态相差尽量要大
创建工具坐标系（偏移）	1. 通过示教器进行工具坐标系创建 2. 在手动操纵界面新建工具坐标系 3. 将工具坐标系的名称更改为 ToolPen1	质量不能为负值
创建工件坐标系	1. 通过示教器创建工件坐标系 2. 在手动操纵界面新建工具坐标系 3. 将工件坐标系的名称更改为 tool0 4. 通过3点法示教创建工件坐标系 5. 根据图片示例方向建立 X、Y 方向	X 和 Y 的方向不能建反

考核评价

建立画笔工具坐标系——考核评价表

班级_____ 姓名_____ 日期_____ 成绩_____

序号	教学环节	参与情况	考核内容	教学评价	
				自我评价	教师评价
1	明确任务	参 与【 】 未参与【 】	领会任务意图		
			掌握任务内容		
			明确任务要求		
2	搜集信息	参 与【 】 未参与【 】	研读学习资料		
			搜集数据信息		
			整理知识要点		
3	填写工作页	参 与【 】 未参与【 】	明确工作步骤		
			完成工作任务		
			填写工作内容		
4	展示成果	参 与【 】 未参与【 】	聆听成果分享		
			参与成果展示		
			提出修改建议		
5	整理笔记	参 与【 】 未参与【 】	聆听任务解析		
			整理解析内容		
			完成学习笔记		
6	完善工作页	参 与【 】 未参与【 】	自查工作任务		
			更正错误信息		
			完善工作内容		
备注	请在教学评价栏目中填写：A、B 或 C　　其中，A—能，B—勉强能，C—不能					
学生心得					
教师寄语					

知识链接

一、建立工业机器人绘图工装工具坐标系（6 点法）

工业机器人通过气动夹爪夹紧绘图工装，创建绘图工装的工具坐标系，新建工具坐标为 ToolPen1。工业机器人绘图工装工具坐标系建立操作说明如下所示。

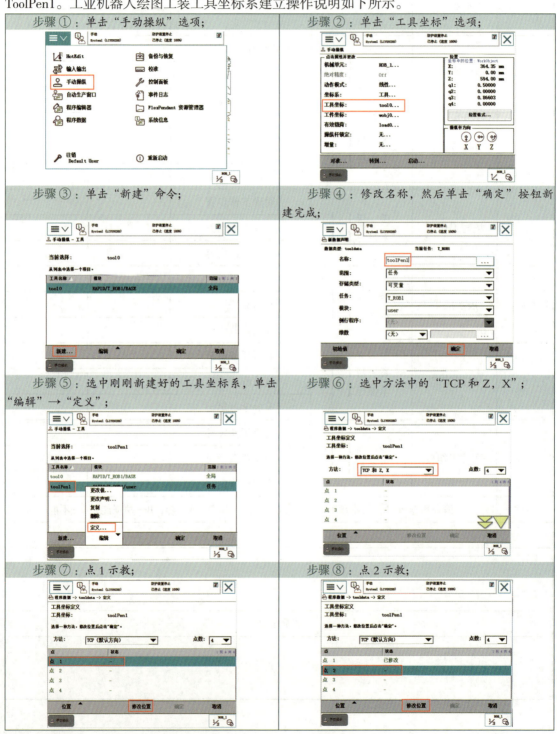

项目六　绘图工位的操作与编程

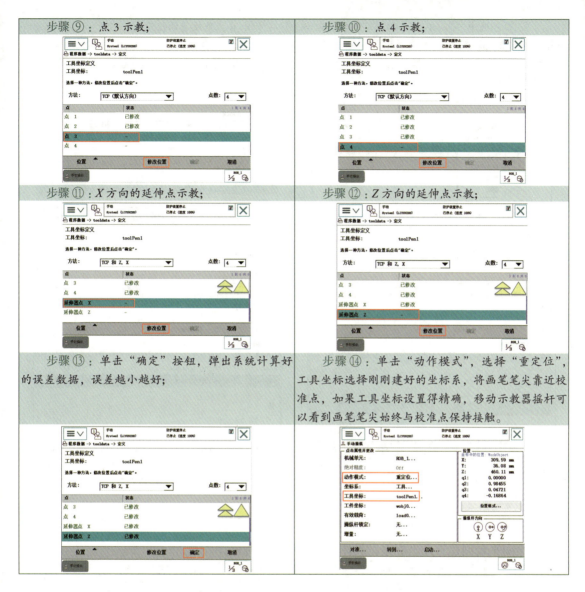

二、建立工业机器人绘图工装工具坐标系（偏移）

当绘图工具的中心点在默认 tool0 的 Z 正方向偏移 200 mm 时，可以直接设置工具坐标系。新建工具坐标为 ToolPen。工业机器人绘图工装工具偏移坐标系建立说明如下所示。

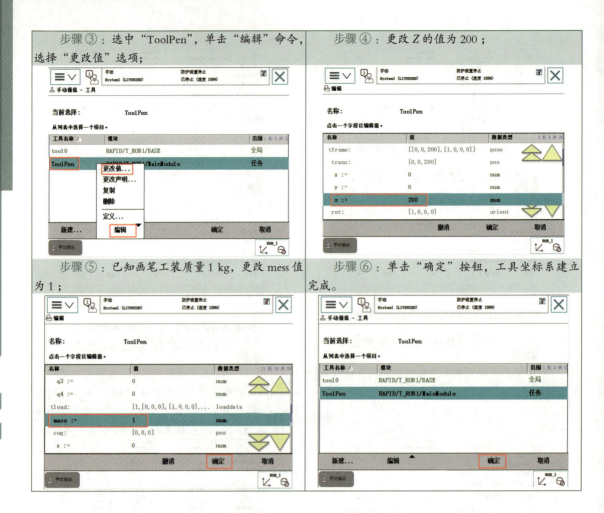

三、建立绘图工位工件坐标系

为绘图平台创建工件坐标系,具体操作说明如下所示。

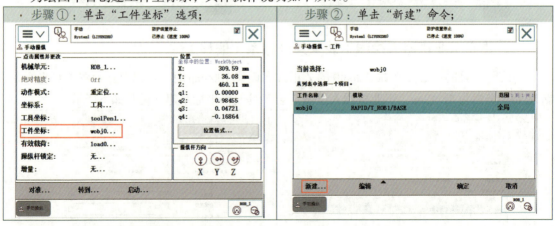

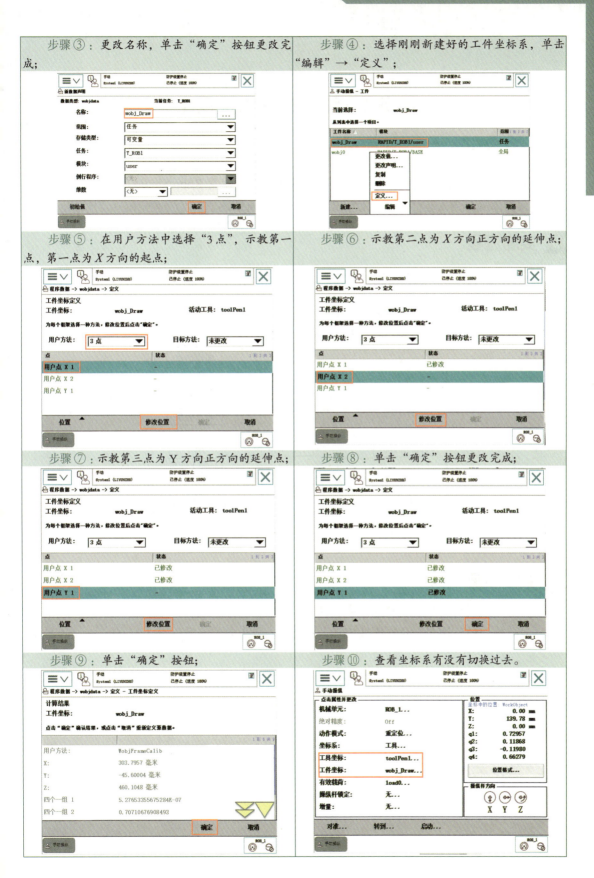

任务3　编写绘图工位程序

任务描述

结合 NGT-RA6B 模块化工业机器人应用教学系统，使用 RobotStudio 软件进行 I/O 信号设置，创建工业机器人工作站，进行机器人离线轨迹编程。

实施流程

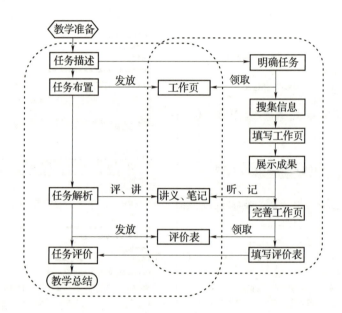

教学准备

一、材料准备：教材、工作页、多媒体课件

二、设备准备：NGT-RA6B 模块化工业机器人应用教学系统

工作步骤

编写绘图工位程序——工作页 21

班级_____ 姓名_____ 日期_____ 成绩_____

工作步骤	工作内容	注意事项
机器人抓取画笔工装	机器人快速移动至画笔工装上方，慢速、精确抓取画笔工装	机器人完全抓取工装时再离开，速度有快慢之分
移动至绘图工位	机器人慢速离开工装库，快速移动至绘图工位上方，慢速将画笔工装的中心点对准绘图平面	绘图工装与平面之间不要挤压过紧
绘制图形	机器人利用画笔在平面纸上画一个圆形	
绘制螺旋线（图略）	通过示教一个中心点使机器运行时绘制出一个螺旋线	

考核评价

编写绘图工位程序——考核评价表

班级_____ 姓名_____ 日期_____ 成绩_____

序号	教学环节	参与情况	考核内容	教学评价	
				自我评价	教师评价
1	明确任务	参　与【　】 未参与【　】	领会任务意图		
			掌握任务内容		
			明确任务要求		
2	搜集信息	参　与【　】 未参与【　】	研读学习资料		
			搜集数据信息		
			整理知识要点		
3	填写工作页	参　与【　】 未参与【　】	明确工作步骤		
			完成工作任务		
			填写工作内容		
4	展示成果	参　与【　】 未参与【　】	聆听成果分享		
			参与成果展示		
			提出修改建议		
5	整理笔记	参　与【　】 未参与【　】	聆听任务解析		
			整理解析内容		
			完成学习笔记		
6	完善工作页	参　与【　】 未参与【　】	自查工作任务		
			更正错误信息		
			完善工作内容		
备注	请在教学评价栏目中填写：A、B或C　　其中，A—能，B—勉强能，C—不能				
学生心得					
教师寄语					

项目六 绘图工位的操作与编程

知识链接

一、常用的功能指令

1. TPWrite 写屏指令

用于给示教器写入文本，TPWrite 写屏指令说明见表 6.1。

表 6.1　TPWRITE 写屏指令说明表

指令示例	指令解释
TPWrite " u are good";	在示教器显示的任务窗口上显示 u are good 这几个字样

TPWrite 写屏指令使用说明如下所示。

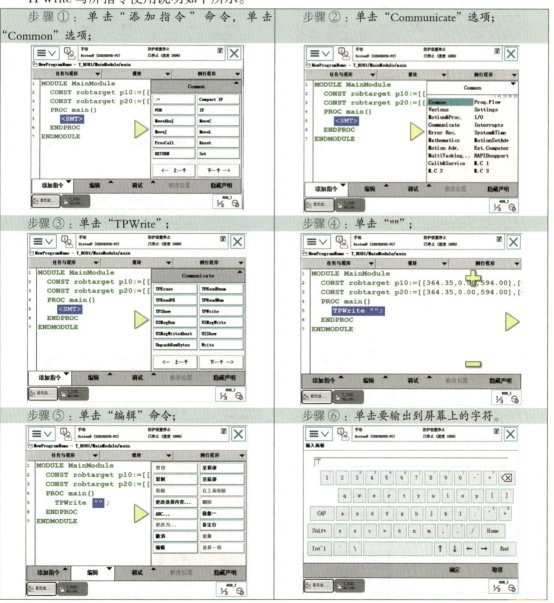

2. CRobT 读取当前机器人的位置

CRobT 用于读取当前机器人和外轴的位置。CRobT 读取位置指令说明见表 6.2。

表 6.2　CRobT 读取位置指令说明

指令示例	指令解释
p30 := CRobT();	读取当前机器人 TCP 位置，并将位置值赋给 P30

CRobT 读取位置指令使用说明如下所示。

步骤①：单击"添加指令"命令，单击"：="选项；

步骤②：左边变量选择对应的要赋值的位置型变量 P30（如果没有，新建一个位置型变量），如果未找到新建的变量，单击"更换数据类型"；

步骤③：单击"robtarget"，单击"确定"按钮添加位置型变量；

步骤④：选中右边的"<EXP>"，单击"功能"，选中"CRobT()"，单击"确定"按钮，指令添加成功；

步骤⑤：读取当前机器人的位置，赋值给 P40。

3. ClkStart、ClkStop、ClkReset 和 ClkRead 时钟指令

ClkStart、ClkStop、ClkReset 和 ClkRead 时钟指令用于读取中间程序执行的时间，指令说明见表 6.3。

表 6.3 时钟指令说明

指令示例	指令解释
`ClkReset clock2;`	时钟变量 clock2 复位，里面的值清空
`ClkStart clock2;`	时钟变量 clock2 开始计时
`ClkStop clock2;`	时钟变量 clock2 停止计时
`time:=ClkRead(clock2);`	读取 clock2 里的时间

Clkstart、Clkstop、ClkReset 和 ClkRead 时钟指令用于读取中间程序执行的时间，指令使用说明如下所示。

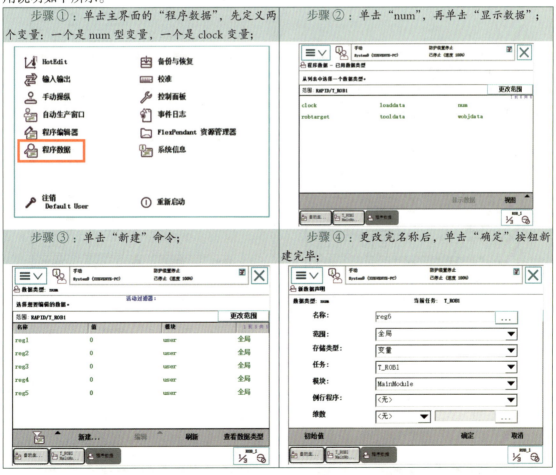

步骤⑤：新建完毕后，再新建一个 clock 变量，查找到"全部数据类型"；

步骤⑥：查看到 clock 数据类型，单击"显示数据"；

步骤⑦：单击"新建"命令，新建时钟变量；

步骤⑧：回到程序界面，单击"添加指令"命令；

步骤⑨：在这里添加 ClkStart、ClkStop、ClkReset，这3个指令后面跟着的都是时钟变量；

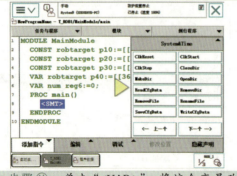

步骤⑩：单击"添加指令"命令；

步骤⑪：单击"<VAR>"，将这个变量改为 num 型变量；

步骤⑫：单击"<EXP>"，选择界面上的"功能"选项；

步骤⑬：单击"功能"菜单，选择里面的"ClkRead()"指令；

步骤⑭：单击"<EXP>"，选择对应的时钟变量。

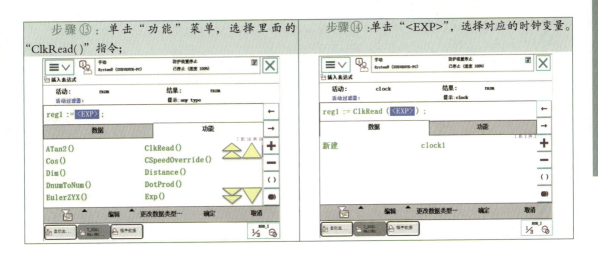

二、机器人与 PLC I/O 信号分配表

机器人的外部 I/O 信号与 PLC 的 I/O 信号进行连接，机器人的输出信号为 PLC 的输入信号，机器人的输入信号为 PLC 的输出信号。I/O 信号分配见 6.4。

表 6.4　I/O 信号分配

机器人输出信号	信号名称
DO10_2	夹爪夹紧
DO10_3	夹爪松开

三、参考程序

1. 圆形

以绘制圆形为例。

（1）主程序

```
PROC rBrush()
    VAR num tmie;
    VAR clock clock2;
    ClkReset clock2;
    ClkStart clock2;
    MoveJ pHmoe,v200,fine,tool0;
    MoveJ Offs(pTool_HB,0,0,200),v200,z10,tool0;
    MoveL Offs(pTool_HB,0,0,60),v100,z10,tool0;
    MoveL pTool_HB,v20,fine,tool0;
    TOOLJZ1;
    Movel Offs(pTool_HB,0,0,200),v100,z1,tool0;
    MoveJ Offs(pTool_HB30,0,0,50),v100,fine,tool0;
    MoveL pTool_HB30,v50,fine,tool0;
    MoveL Offs(pTool_HB30,0,-100,0),v50,fine,tool0;
    MoveL Offs(pTool_HB30,-100,-100,0),v50,fine,tool0;
```

```
        MoveL Offs(pTool_HB30,-100,0,0),v50,fine,tool0;
        MoveL pTool_HB30,v50,fine,tool0;
        MoveL Offs(pTool_HB30,0,0,50),v50,fine,tool0;
        MoveJ Offs(pTool_HB30,-50,0,50),v100,z5,tool0;
        MoveJ Offs(pTool_HB30,-50,0,0),v100,z5,tool0;
        MoveC Offs(pTool_HB30,0,-50,0),Offs(pTool_HB30,-50,-100,0),v50,fine,
tool0;
        MoveC Offs(pTool_HB30,-100,-50,0),Offs(pTool_HB30,-50,0,0),v50,fine,
tool0;
        MoveJ Offs(pTool_HB30,-50,0,150),v100,z50,tool0;
        MoveJ Offs(pTool_HB,0,0,300),v20,0     z100,tool0;
        MoveL Offs(pTool_HB,0,0,60),v100,z10,tool0;
        MoveL Offs(pTool_HB,0,0,0),v20,fine,tool0;
        TOOLJZ2;
        MoveL Offs(pTool_HB,0,0,150),v100,z10,tool0;
        MoveJ pHome,v200,fine,tool0;
        ClkStop clock2;
        tmie: = ClkRead(clock2);
        TPWrite" huizhishijian shi" \Num: = time;
    ENDPROC
```

此处 clock2 为计时的时钟,主要计算整个流程的时间,最后会在主屏显示运行时间。

(2)夹爪夹紧 toolJZ1 子程序

```
PROC toolJZ1()
    WaitTime 0.5;
    Set DO10_2;
    WaitTime 0.5;
    Reset DO10_2;
ENDPROC
```

(3)夹爪松开 toolJZ2 子程序

```
PROC toolJZ2()
    WaitTime 0.5;
    SET DO10_3;
    WaitTime 0.5;
    Reset DO10_3;
ENDPROC
```

点位信息见表 6.5。

表 6.5 点位信息

点位名称	点位示教位置
PHOME	机器人初始位置
PTool_HB	抓取画笔工装点位
PTool_HB30	正方形一个角

2. 螺旋形

以绘制螺旋形为例。

（1）主程序

```
PROC main()
reg6: = 30;
reg1: = 0;
VelSet 100,250;
!MoveJ p30,v1000,z50,tool0;
MoveL Offs(p30,0,reg6,0),v100,fine,tool0;
WHILE reg1<6DO
    up_cir;
    reg6: = reg6 + 5;
    down_cri;
    reg6: = reg6 + 5;
    reg1: = reg1 + 1;
endwhile
TPWrite" huizhi ok";
ENDPROC
```

P30 为螺旋线的中心点。

（2）子程序 1

```
PROC up_cir()
    MoveC Offs (p30,－reg6,0,0),Offs(p30,0,－reg6,0),v100,z10,tool0;
ENDPROC
```

（3）子程序 2

```
PROC down_cir()
    MoveC Offs (p30,reg6,0,0),Offs(p30,0,reg6,0),v100,z10,tool0;
ENDPROC
```

点位信息见表 6.6。

表 6.6　点位信息

点位名称	点位示教位置
P30	螺纹中心点
PTool_HB	抓取画笔工装点位

任务 4　调试绘图工位

任务描述

结合 NGT-RA6B 模块化工业机器人应用教学系统，建立绘图工位坐标系、画笔工具坐标系。

实施流程

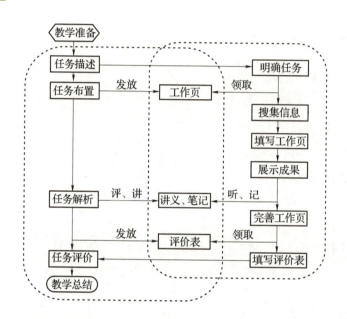

教学准备

一、材料准备：教材、工作页、多媒体课件

二、设备准备：NGT-RA6B 模块化工业机器人应用教学系统

工作步骤

调试绘图工位——工作页 22

班级_____ 姓名_____ 日期_____ 成绩_____

工作步骤	工作内容	注意事项
手动调试	1. 将控制器切换至手动状态 2. 手按住使能按钮并保持 3. 将指针移至主程序 4. 进行单步调试 5. 进行自动调试	出现紧急情况，手立即松开使能按钮，机器人会自动停止
自动调试	1. 将控制器切换至自动状态 2. 启动马达使能 3. 进行自动运行	编写的运动指令速度不要超过 250 mm/s，出现紧急情况时，立即按下示教器的急停按钮
观察运行现象	1. 观察运行现象 2. 在动作不连贯处，更改程序参数，使机器人动作流畅 3. 多次运行，观察机器人运行有无异常	修改参数时，需在手动模式下调试，并且更改完后重新按照手动调试和自动调试走完
思考总结	尝试绘制其他图形	

考核评价

调试绘图工位——考核评价表

班级_____ 姓名_____ 日期_____ 成绩_____

序号	教学环节	参与情况	考核内容	教学评价	
				自我评价	教师评价
1	明确任务	参 与【 】 未参与【 】	领会任务意图		
			掌握任务内容		
			明确任务要求		
2	搜集信息	参 与【 】 未参与【 】	研读学习资料		
			搜集数据信息		
			整理知识要点		
3	填写工作页	参 与【 】 未参与【 】	明确工作步骤		
			完成工作任务		
			填写工作内容		
4	展示成果	参 与【 】 未参与【 】	聆听成果分享		
			参与成果展示		
			提出修改建议		
5	整理笔记	参 与【 】 未参与【 】	聆听任务解析		
			整理解析内容		
			完成学习笔记		
6	完善工作页	参 与【 】 未参与【 】	自查工作任务		
			更正错误信息		
			完善工作内容		
备注	请在教学评价栏目中填写：A、B 或 C　　其中，A—能，B—勉强能，C—不能				
学生心得					
教师寄语					

项目六 绘图工位的操作与编程

知识链接

一、手动调试

当完成了程序编辑以后，需要对程序进行调试，验证机器人走的路径点是否符合要求，如果不符合，要及时修正。手动调试使用说明如下所示。

步骤①：将左图右上角钥匙开关打到手动状态，直到示教器的状态显示栏显示手动状态，手动测试传送带上的传感器是否有作用；

步骤②：查看示教器状态栏为手动状态；

步骤③：单击"程序编辑器"选项；

步骤④：单击"调试"命令，单击"PP移至Main"选项；

步骤⑤：指针移动到主程序第一行；

步骤⑥：按住使能按钮；

步骤⑦：单击"单步运行"按钮，逐行执行程序；

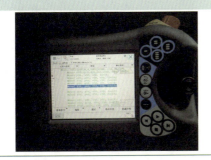

步骤⑧：在单步运行程序结束后，确认程序轨迹运行无误后，同样将指针打到主程序第一行，然后直接单击"连续运行"按钮，连续运行。

169

二、自动调试

在手动状态下，确认机器人能抓取出工装并能绘出螺旋形和圆形，最后能把工装再放回工装库中，然后将机器人的速度减慢，确认没有问题再加速，最好不要超过 250 mm/s。自动调试说明，如下所示。

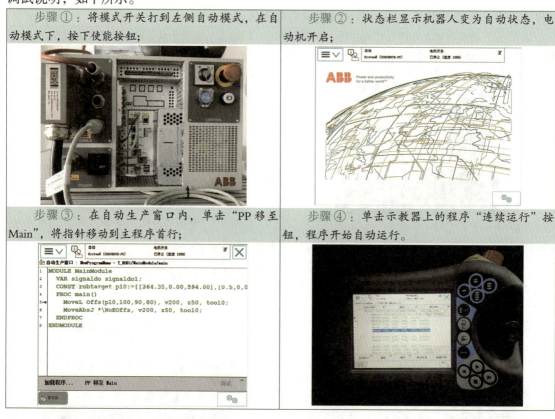

思考与练习

1. 绘图工位组成部分有哪些？
2. 举例说明绘图工位坐标系的建立过程。
3. 列写绘图工位程序编写的关键语句。
4. 调试绘图工位的注意事项有哪些？
5. 简要编写绘图工位程序。

项目七

RobotStudio在线编程

项目简介

RobotStudio 软件是一款功能强大的机器人仿真编程软件，能够帮助用户轻松进行各种机器人的编程工作，不仅能提升工作效率，降低设计成本，还能缩短产品制作周期。本项目介绍了如何通过浏览器下载、安装 RobotStudio 软件；如何建立软件与机器人之间的联系，体验简单的离线编程。

教学目标

- 了解 RobotStudio 软件构成；
- 掌握 RobotStudio 程序在线编辑方法；
- 掌握 RobotStudio 程序离线编程方法；
- 会在线编辑 I/O 信号操作。

任务 1　RobotStudio 与机器人连接

任务描述

结合 NGT – RA6B 模块化工业机器人应用教学系统,完成 RobotStudio 软件构成及使用方法,实现 RobotStudio 软件与机器人连接。

实施流程

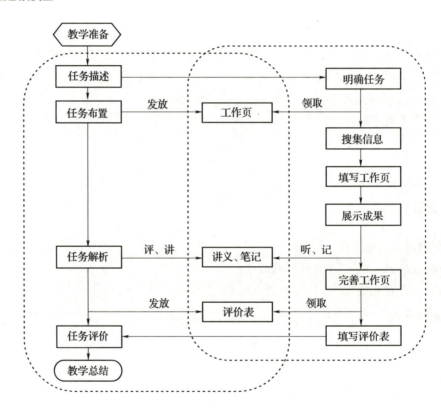

教学准备

一、材料准备：教材、工作页、多媒体课件

二、设备准备：NGT – RA6B 模块化工业机器人应用教学系统

工作步骤

RobotStudio 与机器人连接——工作页 23

班级＿＿＿＿＿＿＿＿ 姓名＿＿＿＿＿＿＿＿ 日期＿＿＿＿＿＿＿＿ 成绩＿＿＿＿＿＿＿＿

1. 标出下面控制柜连接 RobotStudio 软件的网口。

2. 写出机器人网口 IP。

	.		.		.	

3. 写出电脑端 IP 地址范围。

	.		.		.	

4. 如何利用 RobotStudio 连接机器人？

5. 以下两种链接机器人控制器模式分别属于哪个菜单里的？

（a）　　　　　　　　　　　　　　（b）

a	
b	

考核评价

RobotStudio 与机器人连接——考核评价表

班级_____ 姓名_____ 日期_____ 成绩_____

序号	教学环节	参与情况	考核内容	教学评价	
				自我评价	教师评价
1	明确任务	参　与【　】 未参与【　】	领会任务意图		
			掌握任务内容		
			明确任务要求		
2	搜集信息	参　与【　】 未参与【　】	研读学习资料		
			搜集数据信息		
			整理知识要点		
3	填写工作页	参　与【　】 未参与【　】	明确工作步骤		
			完成工作任务		
			填写工作内容		
4	展示成果	参　与【　】 未参与【　】	聆听成果分享		
			参与成果展示		
			提出修改建议		
5	整理笔记	参　与【　】 未参与【　】	聆听任务解析		
			整理解析内容		
			完成学习笔记		
6	完善工作页	参　与【　】 未参与【　】	自查工作任务		
			更正错误信息		
			完善工作内容		
备注	请在教学评价栏目中填写：A、B 或 C　　其中，A—能，B—勉强能，C—不能				

学生心得

教师寄语

项目七　RobotStudio 在线编程

知识链接

机器人在线编程是利用电脑与机器人进行连接，通过 RobotStudio 软件实现在线编写程序、调试程序、参数修改等功能，其可提高工作效率，节约编程和调试时间。软件下载界面如图 7.1 和图 7.2 所示。

打开浏览器，在浏览器中输入：https://new.abb.com/products/robotics/robotstudio/ downloads，如图 7.1 所示。

单击"Download RobotStudio 6.07.01 with RobotWare 6.07.01"，如图 7.2 所示。

图 7.1　软件下载界面　　　　　　　　图 7.2　软件下载界面

单击"下载"按钮，下载完成之后，找到安装包进行安装。安装步骤如下所示。

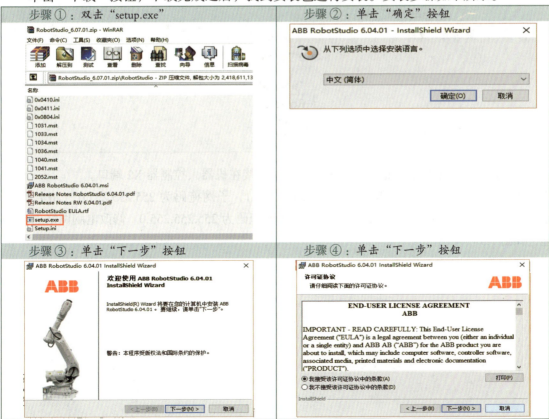

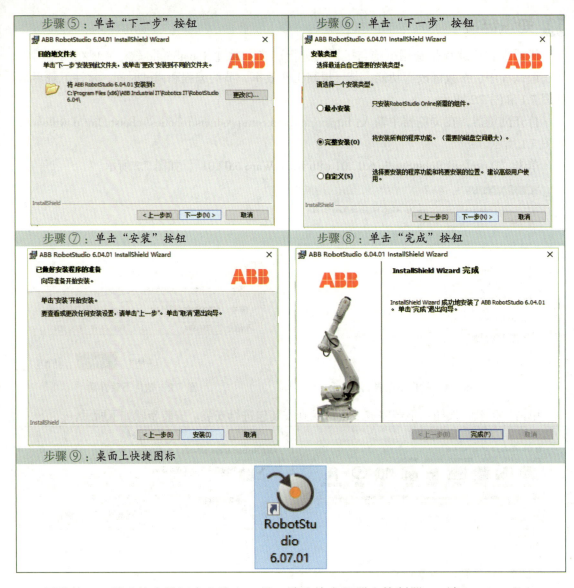

　　网线接口一端连接在笔记本电脑上，另一端连接在机器人控制器 X2 端口。

　　机器人控制器出厂默认 IP 地址为 192.168.125.1，子网掩码为 255.255.255.0；将电脑 IP 地址更改为 192.168.125.*，* 的值为 2~255，子网掩码为 255.255.255.0。修改电脑网络连接地址，如图 7.3 所示。

　　网线连接如图 7.4 所示。

项目七　RobotStudio 在线编程

图 7.3　修改电脑网络连接地址

图 7.4　网线连接

将电脑 IP 地址和网线连接好之后，打开 RobotStudio 软件。具体操作说明，如下所示。

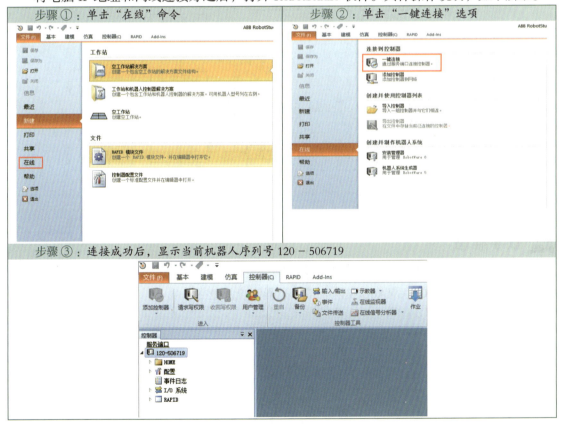

步骤①：单击"在线"命令

步骤②：单击"一键连接"选项

步骤③：连接成功后，显示当前机器人序列号 120 - 506719

177

任务 2　RobotStudio 在线编程

任务描述

结合 NGT–RA6B 模块化工业机器人应用教学系统，使用 RobotStudio 软件进行 I/O 信号设置及在线编程。

实施流程

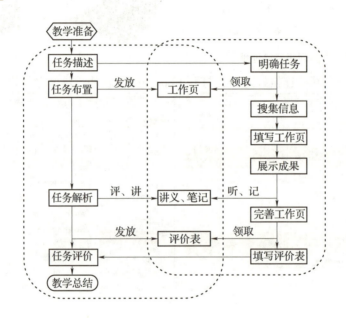

教学准备

一、材料准备：教材、工作页、多媒体课件

二、设备准备：NGT–RA6B 模块化工业机器人应用教学系统

工作步骤

RobotStudio 在线编程——工作页 24

班级_____　姓名_____　日期_____　成绩_____

工作步骤	工作内容	注意事项
RobotStudio 连接机器人	修改电脑网关 IP 地址，利用 CMD ping 测试电脑和机器人通信是否正常，连接机器人	
在线修改 I/O 信号	在线获取修改权限，修改 I/O 信号状态，修改完毕后，观察示教器对应 I/O 状态	
RobotStudio 连接机器人	修改电脑网关 IP 地址，利用 CMD ping 测试电脑和机器人通信是否正常，连接机器人	
在线新建 I/O 点	在线获取修改权限，新建 I/O 点，重启控制器	
I/O 信号置位	在修改完 I/O，重启控制器后，重新打开 I/O 监控列表，然后给值，观察输入输出是否有反应	
RobotStudio 连接机器人	修改电脑网关 IP 地址，利用 CMD ping 测试电脑和机器人通信是否正常，连接机器人	
在线新建 I/O 点	在线获取修改权限，新建 I/O 点，重启控制器	
I/O 信号置位	在修改完 I/O，重启控制器后，重新打开 I/O 监控列表，然后给值，观察输入输出是否有反应	

考核评价

RobotStudio 在线编程——考核评价表

班级_____ 姓名_____ 日期_____ 成绩_____

序号	教学环节	参与情况	考核内容	教学评价	
				自我评价	教师评价
1	明确任务	参 与【 】 未参与【 】	领会任务意图		
			掌握任务内容		
			明确任务要求		
2	搜集信息	参 与【 】 未参与【 】	研读学习资料		
			搜集数据信息		
			整理知识要点		
3	填写工作页	参 与【 】 未参与【 】	明确工作步骤		
			完成工作任务		
			填写工作内容		
4	展示成果	参 与【 】 未参与【 】	聆听成果分享		
			参与成果展示		
			提出修改建议		
5	整理笔记	参 与【 】 未参与【 】	聆听任务解析		
			整理解析内容		
			完成学习笔记		
6	完善工作页	参 与【 】 未参与【 】	自查工作任务		
			更正错误信息		
			完善工作内容		
备注	请在教学评价栏目中填写：A、B 或 C 其中，A—能，B—勉强能，C—不能				
学生心得					
教师寄语					

知识链接

一、在线修改 I/O 信号状态

通过 RobotStudio 软件在线修改程序，在 RAPID 程序里可以对程序进行复制、粘贴、修改等一些快捷操作。具体操作说明，如下所示。

步骤①：在 RAPID 菜单下，双击"main"，显示的程序与实际示教器显示的程序一致；如果要修改程序，单击"请求写权限"，等待示教器确认

步骤②：单击"同意"按钮，同意之后可以在电脑里修改程序

步骤③：修改完程序之后，单击"应用"按钮，程序将被下载到控制器里，示教器也同步更新

二、在线编辑 I/O 信号

通过 RobotStudio 软件在线编辑 I/O 信号，具体操作如下所示。

步骤①：软件连接机器人控制器 	步骤②：打开机器人控制器项目栏中的"配置"一栏，选择"I/O System"打开 
步骤③：打开里面的"Signal"菜单栏，右边的子窗口会弹出里面所有的信号 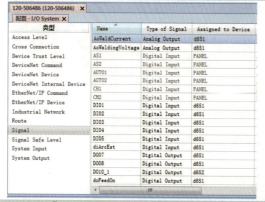	步骤④：单击"请求写权限"，获取软件写入控制器的权限，这时会弹出是否同意写权限，单击"允许"按钮
步骤⑤：在刚才右边全是信号的工作栏里，右击，弹出左图的窗口，单击"新建Signal"命令 	步骤⑥：弹出左图窗口后，开始新建信号，新建内容参考项目二里的建立I/O点 

任务3 RobotStudio 离线编程

任务描述

结合 NGT‑RA6B 模块化工业机器人应用教学系统，使用 RobotStudio 软件进行 I/O 信号设置，创建工业机器人工作站，编写机器人离线轨迹程序。

实施流程

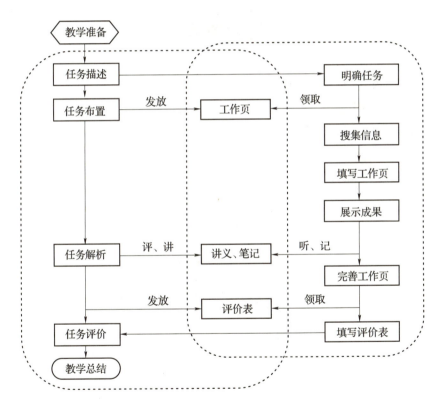

教学准备

一、材料准备：教材、工作页、多媒体课件
二、设备准备：NGT‑RA6B 模块化工业机器人应用教学系统

工作步骤

RobotStudio 离线编程——工作页 25

班级_____ 姓名_____ 日期_____ 成绩_____

1. 新建窗口在软件哪里打开？在图中标出。

2. 在图中标出导入模型，加入系统的菜单。

3. 机器人模型和机器人控制器在哪个菜单下插入？

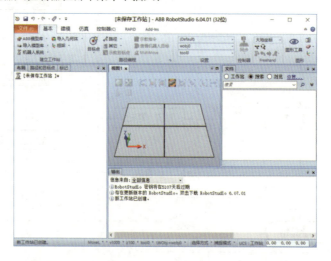

机器人模型：

机器人控制器：

4. 离线示教器的自动使能按钮是哪一个？在对应图形下打钩。

（　　）

（　　）

5. 离线编程，使机器人实现绘制螺旋纹轨迹运动。

考核评价

RobotStudio 离线编程——考核评价表

班级_____ 姓名_____ 日期_____ 成绩_____

序号	教学环节	参与情况	考核内容	教学评价	
				自我评价	教师评价
1	明确任务	参 与【 】 未参与【 】	领会任务意图		
			掌握任务内容		
			明确任务要求		
2	搜集信息	参 与【 】 未参与【 】	研读学习资料		
			搜集数据信息		
			整理知识要点		
3	填写工作页	参 与【 】 未参与【 】	明确工作步骤		
			完成工作任务		
			填写工作内容		
4	展示成果	参 与【 】 未参与【 】	聆听成果分享		
			参与成果展示		
			提出修改建议		
5	整理笔记	参 与【 】 未参与【 】	聆听任务解析		
			整理解析内容		
			完成学习笔记		
6	完善工作页	参 与【 】 未参与【 】	自查工作任务		
			更正错误信息		
			完善工作内容		
备注	请在教学评价栏目中填写：A、B 或 C　　其中，A—能，B—勉强能，C—不能				
学生心得						
教师寄语						

知识链接

新建机器人操作说明，如下所示。

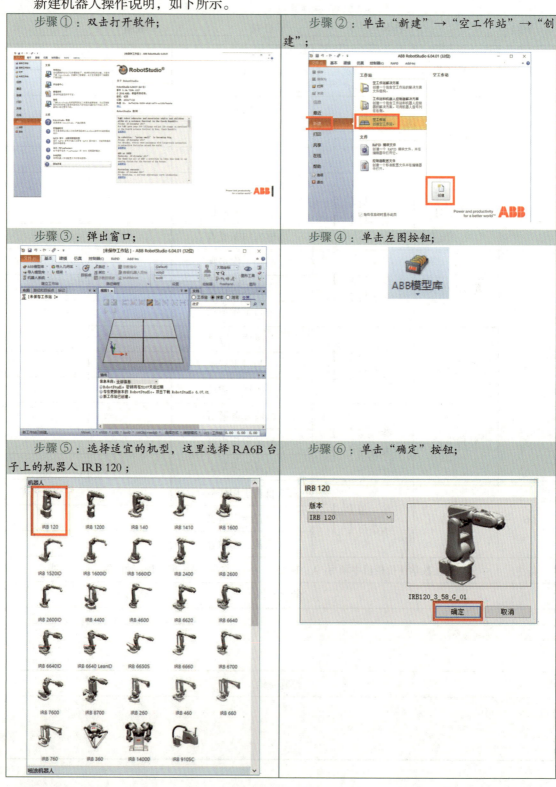

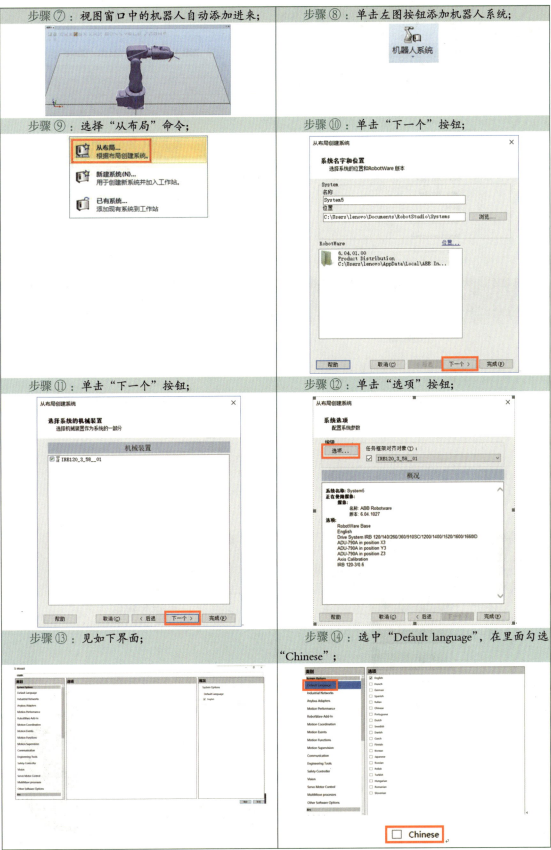

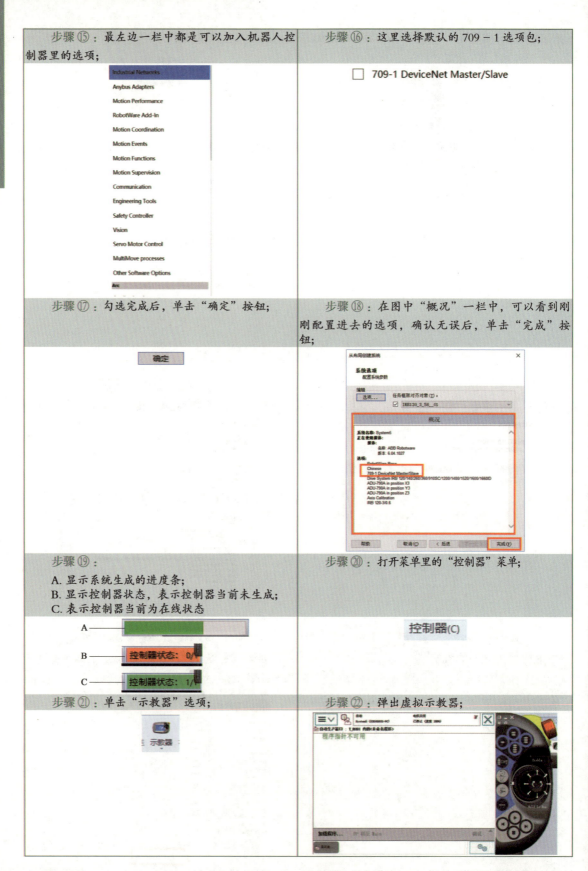

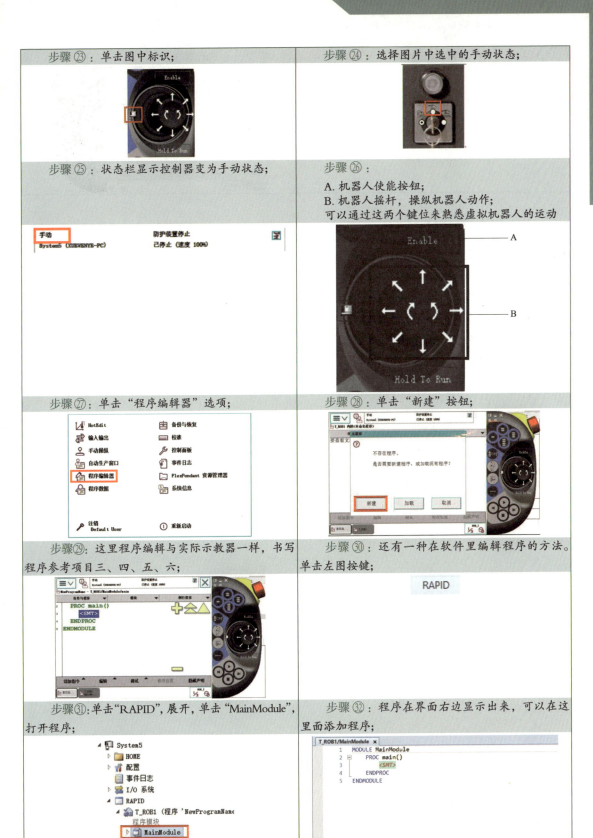

思考与练习

1. 简述在线编程与离线编程的特点。
2. 在线编程的注意事项有哪些?
3. 简述机器人数据创建过程。
4. 简述机器人程序创建过程。
5. 举例说明离线编程的优势。

参考文献

[1] 叶晖、管小清. 工业机器人实操与应用技巧[M]. 北京：机械工业出版社，2016.
[2] 张明文. 工业机器人基础与应用[M]. 北京：机械工业出版社，2018.
[3] 叶伯生. 工业机器人操作与编程[M]. 北京：华中科技大学出版社，2016.
[4] 胡伟. 工业机器人行业应用实训教程[M]. 北京：机械工业出版社，2017.

附　录

附录 1：工业机器人通讯—ABB Profinet 通讯

一、测试工具

ABB 机器人（带有 Profinet 选项功能包）、西门子 1200 PLC；
电脑（装有 RobotStudio 软件，TIA 软件）。

二、测试目的

ABB 机器人和西门子 1200PLC 做 profinet IO 通讯；
机器人作为 profinet 通讯设备端，PLC 作为 profinet 通讯主站控制器。

三、测试准备

1. ABB 机器人 Profinet 通信选项包，功能选项包有（可选用）：

888-2　Profinet Controller/Device
888-3　Profinet Device
840-3　Profinet Anybus Device

本次实验只能使用红色方框内的两个功能选项。

2. ABB 机器人 Profinet 通讯连接接口，如附图 1-1 所示。

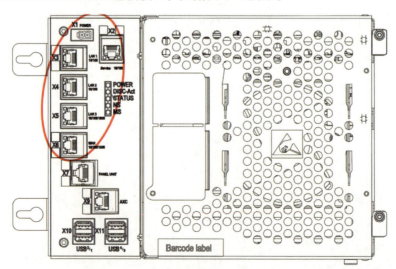

附图 1-1　网络接口图

Profinet IO 网络通讯可以连接到机器人的 LAN2，LAN3，WAN 以太网口上。
注：不支持将 X2-X6 连接到同一个交换机上，除非交换机做了静态 VLAN 隔离处理。
这里用 WAN 口作为连接端口，设置步骤如下：

①在配置菜单的"Communication"主题下，如附图 1-2 所示，点击"IP Setting"，选择"PROFINET Network"，如附图 1-3 所示。

附图 1-2　配置菜单中主题

附图 1-3　IP Setting 中 Profinet Network

②设置 IP 地址和连接的接口，如附图 1-4 所示。

图 1-4　设置 IP 地址

3. 找到 ABB 机器人的 profinet 通讯的 GSD 文件。

两种方法：从控制器里获取 GSD 文件或通过 RobotStudio 仿真软件获取。

（1）机器人控制器文件位置：

点击 FlexPendant 资源管理器（见附图 1-5），找到 RobobtWare 的文件目录（见附图 1-6），选择当前机器人系统的版本，找到 utility 文件夹并打开（见附图 1-7），找到 service 并打开（见附图 1-8），找到 GSDML 文件夹并打开（见附图 1-9），所有的 GSD 文件都在里面，选择 xml 文件（见附图 1-10）。

附图 1-5　FlexPendant 资源管理器

附图 1-6　RobobtWare 文件目录

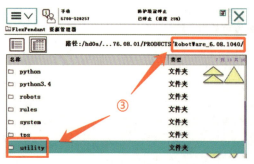

附图 1-7　utility 文件夹

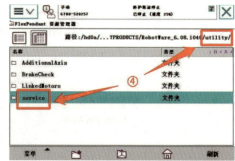

附图 1-8　service 文件夹

附图 1-9　GSDML 文件夹

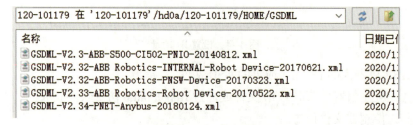

附图 1-10　xml 文件

（2）仿真软件中获取文件位置：

右击选中"Robotware"，点击"打开数据包文件夹"，如附图 1-11 所示。

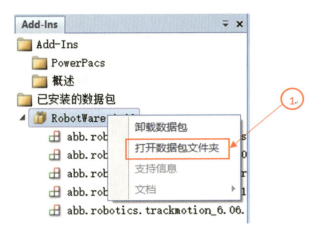

附图 1-11 数据包文件夹

按照图示顺序：...\ RobotPackages\ RobotWare_RPK_<version>\utility\service\GSDML，找到对应的 GSD 文件。

GSDML 文件如附图 1-12 所示：

附图 1-12 GSDML 文件夹

四、配置步骤

1. PLC 通信配置

（1）在博图中添加 GSDML 文件，如附图 1-13 所示。

附图 1-13 添加 GSDML 文件

（2）组态设备如下图。

在产品目录里添加 ABB IRC5 Profinet 通讯模块，如附图 1-14 所示。

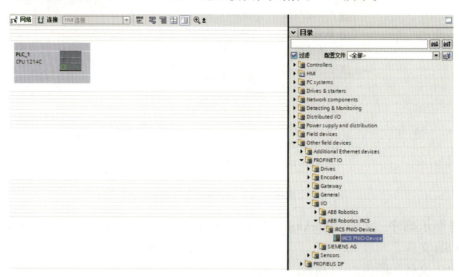

附图 1-14　IRC5 Profinet 通讯模块

（3）在配置的菜单里双击查看网口属性，在里面修改对应的 IP 地址（地址和前面设置的 Profinet 网口地址一致），并且修改 ABB profinet 通讯设备名称（名称与配置的 profinet 通讯的名称一致），如附图 1-15 所示。

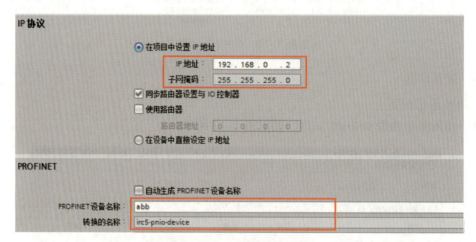

附图 1-15　IP 地址及设备名称

（4）配置输入输出通道与机器人一致，如附图 1-16 所示。

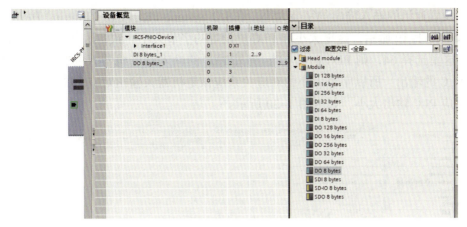

附图 1-16 通讯字节长度

（5）配置完成，下载工程。

2. 机器人通信配置

（1）设置名称（这里设置的为 abb），选择 I/o System-Industrial Network-PROFINET 文件，如附图 1-17 所示，右击编辑更改 PROFINET Station Name 为 "abb"，如附图 1-18 所示。

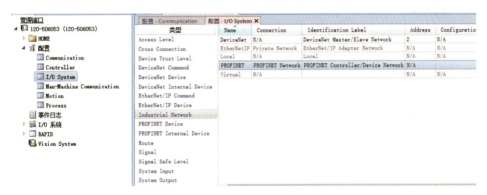

附图 1-17 PROFINET Network

附图 1-18 设备名称

（2）设置通讯的输入输出的字节大小，在 I/O System-PROFINET Internal Device 里右击编辑，如附图 1-19 所示，这里大小和 PLC 里设置的字节大小一致，这里选择 2 个，则 PLC 选择 2，这里选择 64，则 PLC 选择 64；另外 PLC 的输入对应机器人的输出，机器人的输入对应 PLC 的输出，所以字节大小的对应关系应该是机器人输出对应 PLC 输入大小，机器人输入对应 PLC 输出大小，如附图 1-20 所示。

附图 1-19　设置通信字节位置

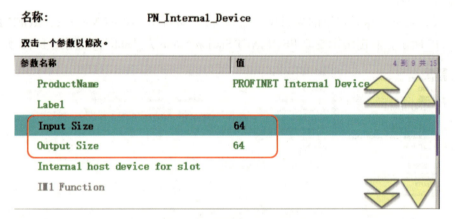

附图 1-20　设置通信字节长度

（3）重启控制器。

3. 信号测试

（1）首先在机器人的添加输入输出点位（见附图 1-21）和输入点位（见附图 1-22）。

附图 1-21　输出点位

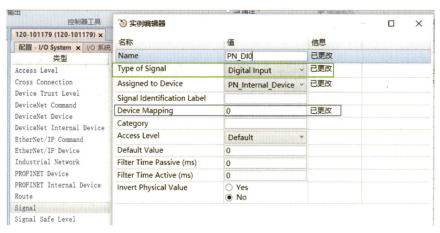

附图 1-22　输入点位

（2）PLC 的输入地址从 I68.0 开始，输出地址从 Q68.0 开始，如附图 1-23 所示。

①机器人的输出就是 PLC 输入，机器人的输入就是 PLC 的输出。

模块	机架	插槽	I 地址	Q 地址	类型	订货号
▼ IRC5-PNIO-Device	0	0			IRC5 PNIO-Device	0
▶ Interface 1	0	0 X1			IRC5-PNIO-Device	
DI 256 bytes_1	0	1	68...323		DI 256 bytes	
DO 256 bytes_1	0	2		68...323	DO 256 bytes	
	0	3				
	0	4				

附图 1-23　PLC I/Q 地址

②新建监控表，查看 PLC 输入输出状态（图示机器人地址 0 的输出置 1，I68.0 有信号为 TRUE），如附图 1-24 所示。

i	...	地址	显示格式	监视值	修改值	⚡	注释
1	"...	%I68.0	布尔型	▊ TRUE		☐	
2	"...	%Q68.0	布尔型	▊ FALSE	TRUE	☑ ⚠	
3		◉ <新增>				☐	

附图 1-24　PLC 状态监控

附录二　工业机器人通讯—ABB 机器人与欧姆龙视觉做 SOCKET TCP 通讯

一、测试工具

ABB 机器人（带有 PC-interface 选项功能包）、欧姆龙视觉；
电脑（装有 RobotStudio 软件，TCP 调试助手）。

二、测试目的

测试欧姆龙 TCP 通讯；
测试机器人 TCP 通讯程序书写格式和指令含义。

三、测试准备

ABB 机器人 TCP/IP 通信选项包，功能选项包有：

888-2　PC-interface

四、配置步骤

1. 视觉配置

（1）视觉硬件介绍。

视觉系统主要由光源、镜头、相机、视觉控制器等四个部分组成，如附图 2-1 所示。

附图 2-1　视觉系统组成

①光源：光源的主要作用不仅仅是使相机能够看得到对应的物体，还能提高整个图像的质量，优化光源使系统正常工作，如附图 2-2 所示。

附图 2-2　光源及光源控制器

左图为光源；右图为光源控制器，主要用于调节光源的亮度。

②镜头：一方面可以在长时间获得适当的曝光；另一方面可以聚集光束，在相机胶片上产生清晰的图片，如附图 2-3 所示。

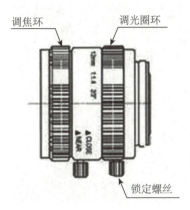

附图 2-3　工业镜头

调光圈环主要用来调节进光量，使图像曝光增加；
调焦环主要用来调整像距，增加图像的清晰度。

③相机：俗称摄像机，主要用于物体成像，目前市面上比较多的是 CCD 相机和 CMOS 相机，具有图像稳定性高、图像传输能力强、抗干扰能力强的特点，如附图 2-4 所示。

④视觉控制器：采集图像信息，并对图像特征处理，并将特征输出给需要的外围设备，不同的视觉控制器支持不同的通讯协议，另外，也有视觉控制器跟相机集成在一起，如附图 2-5 所示。

附图 2-4　工业相机

附图 2-5　视觉控制器

（2）视觉图像处理。

根据任务要求，这里只需要识别工件上的数字和工件角度即可。
操作流程如下：
①设备上电，显示屏上显示界面如附图 2-6 所示。

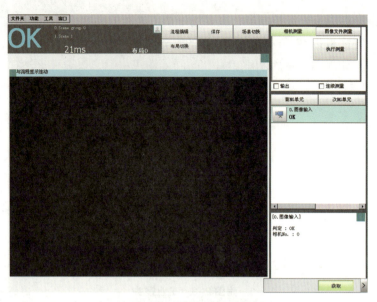

附图 2-6　开机显示界面

② 利用 PLC 手动打开设备光源，在相机拍照区域内，放入要进行建模型的工件，工件放置顺序统一以人面向的方向为正方向，如附图 2-7 所示。

附图 2-7　模板图片

③ 点击流程编辑，进入流程编辑界面，如附图 2-8 所示。

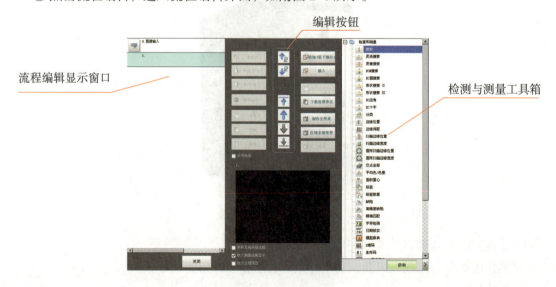

附图 2-8　流程编辑图

④ 选中流程编辑工具箱中的"形状搜索Ⅱ",点击插入,将其插入到左侧流程编辑显示窗口内,如附图 2-9 所示。

附图 2-9　形状搜索Ⅱ

⑤ 选中左侧的"形状搜索Ⅱ",点击设定按钮,弹出设定界面,如附图 2-10 所示。

附图 2-10　设定界面

⑥ 点击圆形按钮,再登录图形按钮,显示椭圆形,在工件图形界面内,会出现一个圆,如附图 2-11 所示。

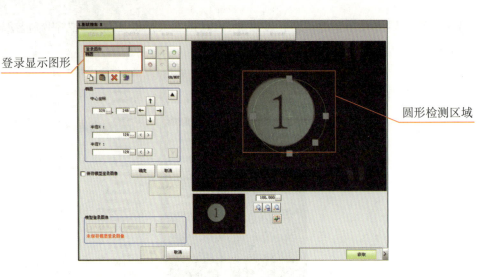

附图 2-11　登陆显示图形

⑦ 调节圆形检测区域，使其能够检测到其中的数字，如附图 2-12 所示。

附图 2-12　调节检测区域

⑧ 勾选保存登录模型，点击确定，保存登录图形，如附图 2-13 所示。
⑨ 点击测量参数，打开测量参数设定界面，如上图所示。
⑩ 调整相似度，使相机能够区分六个不同工件，且不会出现误判断的情况。

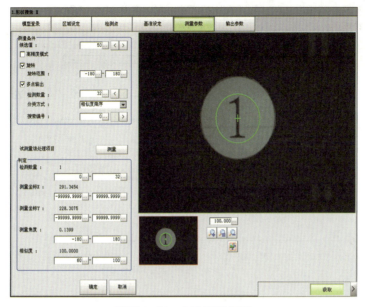

附图 2-13 保存登陆图形

⑪ 点击确定退出到流程编辑界面。
⑫ 按照上述流程，建立六个形状搜索，对应六个工件。
⑬ 六个建立完成后，选中串行数据输出，点击添加 2 个，如附图 2-14 所示。

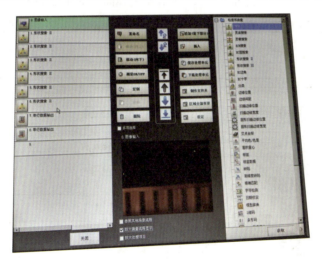

附图 2-14 串口数据输出

（3）视觉通讯处理。

通讯连接主要是配置相机和机器人的 SOCKET TCP 通讯连接。

设置串行数据输出：

① 在流程编辑窗口内，点击设定，进入设定界面，如附图 2-15 所示。

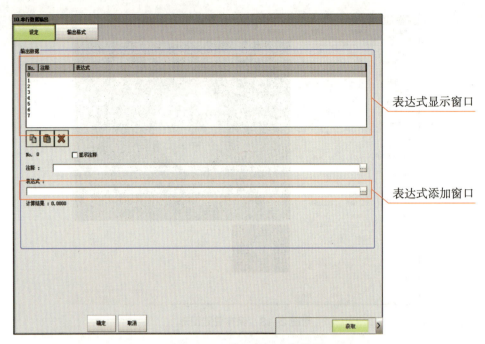

附图 2-15　串行数据设定界面

② 在输出数据内的表达式显示窗口内，选中对应需要输入的编号。

③ 在表达式添加窗口内，点击"…"，弹出编辑界面，如附图 2-16 所示。

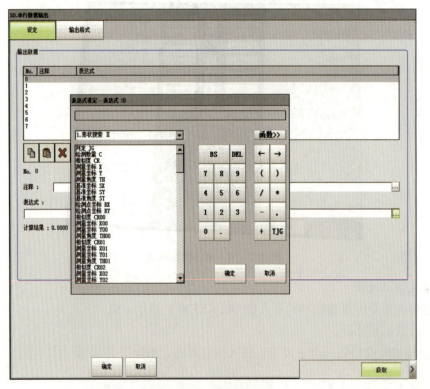

附图 2-16　选择表达式

④ 点击选择"形状搜索Ⅱ",在里面找到它的属性,这里我们添加判定 JG 属性和测量角度 TH,将六个模型属性全部添加进去。

⑤ 添加完成以后,点击输出格式,如附图 2-17 所示。

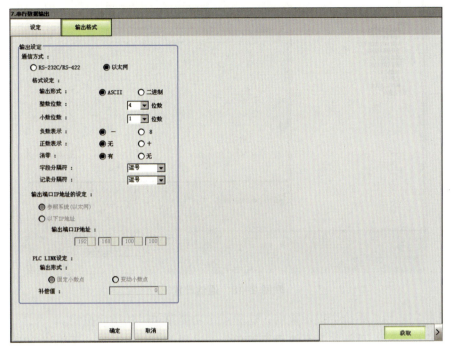

附图 2-17　输出格式

这里更改内容包括:

通信方式	以太网
输出格式	ASCII
整数位数 / 小数位数	根据需要更改(但是机器人那一段数据接收要按照这个格式去解析数据)
负数表示	—
正数表示	无
字段间隔符 / 记录分隔符	根据需要改动

⑥ 点击确定更改完成后,退出到主界面,点击保存按钮。

⑦ 点击工具栏下的系统设置按钮,选择启动设定,这里选择无协议(TCP client)通讯模块,如附图 2-18 所示。

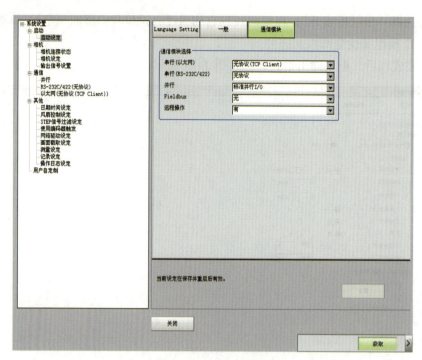

附图 2-18 通信设置

（8）选择完毕后，系统会提示重启，这里点击功能菜单里的重启按钮。

（9）重启完毕后，重新打开系统设置菜单，点击通信内的以太网（无协议 TCP CLIENT），这里面更改视觉控制器地址和需要连接的对象地址，如附图 2-19 所示。

（10）输出选项勾选上去，这样可以将采集特征数据输出给机器人，如附图 2-20 所示。

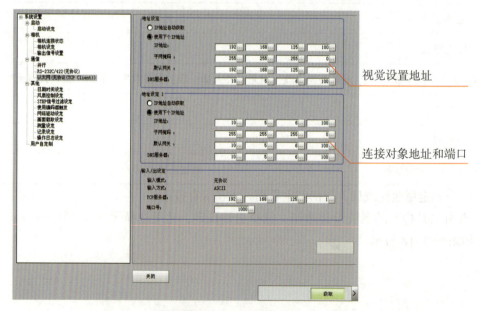

附图 2-19 设定 IP 地址

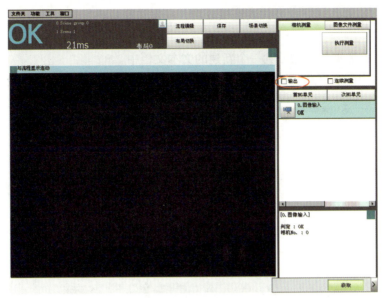

附图 2-20　勾选输出

2. 通讯测试

步骤 1：（客户端）视觉——（服务端）TCP 调试助手，如附图 2-21 所示。

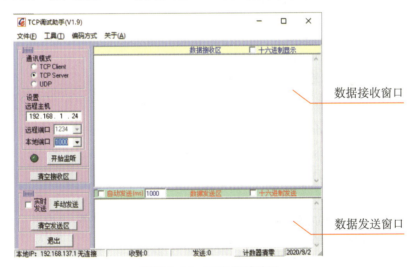

附图 2-21　TCP 调试助手

① 设置 TCP 调试助手通讯模式选择为 TCP Server。
② 本地端口设置为 1000。
③ 电脑连接视觉的网口驱动 IPv4 地址改为 192.168.125.1，如附图 2-22 所示。

附图 2-22　电脑 IP 设置

④ 点击开始监听，绿灯变亮代表连接成功，在发送窗口内，输入"M"，相机执行拍照，并反馈输出数据。

⑤ 将接收到的数据复制粘贴到一个新建的文本文档中。

步骤 2：（客户端）TCP 调试助手——（服务端）工业机器人，如附图 2-23 所示

附图 2-23　TCP 调试助手设置

① 通讯模式选择 TCP Client。

② 远程主机我们输入视觉的地址 192.168.125.2。

③ 将刚才电脑端输入的地址更改成 192.168.125.（2-254）。

④ 书写机器人测试程序，声明数据如附图 2-24 所示。

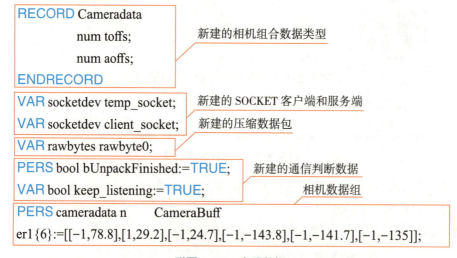

附图 2-24　声明数据

通讯接收程序如附图 2-25 所示。

SocketCreate temp_socket;　　　　　　　　　→　创建 SOCKET 服务端
SocketBind temp_socket,"192.168.125.1",1000;　→　绑定 IP 地址和端口到服务端
SocketListen temp_socket;　　　　　　　　　→　监听 SOCKET 服务端
SocketAccept temp_socket, client_socket;　　　→　创建服务端和客户端连接
socketsend client_socket\str:="M";　　　　　→　向 SOCKET 客户端发送字符'M'
SocketReceive; client_socket\rawdata:=rawbyte1;
rUnpackRawdataFromPC;　　　　　　　　　→　接收来自相机的数据

附图 2-25　通讯接收程序

数据解析程序如附图 2-26 所示。

PROC rUnpackRawdataFromPC()
　VAR num nTemp;
　VAR string strTemp;
　VAR bool ok;
　VAR num Index;
FOR i FROM 1 TO 6 DO　　　　一组数据长度为 14
　　Index:=14*(i-1);　　　　　解压数据 rawbyte1,解析第一位为 4+Index,数据长度为 6
　　UnpackRawBytes rawbyte1,4+Index,strTemp\ASCII:=6;
　　ok:=StrtoVal(strTemp,nTemp);　　将字符数据转化为数值型数据
　　nCameraBuffer1{i}.toffs:=nTemp;　　将数据放置在数组变量中
　　UnpackRawBytes rawbyte1,11+Index,strTemp\ASCII:=6;
　　ok:=StrtoVal(strTemp,nTemp);
　　nCameraBuffer1{i}.aoffs:=nTemp;
ENDFOR
ENDPROC

附图 2-26　数据解析程序

⑤ 点击调试助手中的连接网络，手动运行机器人 SOCKET 通讯测试程序。
⑥ 调试助手会手动 M 字符，程序指针会留在 SocketReceive 程序位置。
⑦ 将之前复制的数据粘贴在发送窗口内，点击发送，机器人程序执行解析，最终我们可以在 nCameraBuffer1{6} 数组中。

步骤三：（客户端）相机——（服务端）机器人
① 用网线将视觉和工业机器人连接起来。
② 运行程序，观察程序数据 nCameraBuffer1{6}。
③ 视觉数据会被保存在 nCameraBuffer1{6} 数组中。
nCameraBuffer1{6}:=[[-1,78.8],[1,29.2],[-1,24.7],[-1,-143.8],[-1,-141.7],[-1,-135]]
数组说明：（这里举例说明）
[-1,78.8] 第一个数字表示工件是否为 1（1 为是，-1 为不是），第二个表示工件旋转角度 78.8°。

[1,29.2] 第一个数字表示工件是否为2（1为是，-1为不是），第二个表示工件旋转角度29.2°。

[-1,24.7] 第一个数字表示工件是否为3（1为是，-1为不是），第二个表示工件旋转角度24.7°。

[-1,-143.8] 第一个数字表示工件是否为4（1为是，-1为不是），第二个表示工件旋转角度-143.8°。

[-1,-141.7] 第一个数字表示工件是否为5（1为是，-1为不是），第二个表示工件旋转角度-141.7°。

[-1,-135] 第一个数字表示工件是否为6（1为是，-1为不是），第二个表示工件旋转角度-135°。